Achim Schwarze

Das standesgemäße

Extra für CABRIO-FAHRER

gemein – lustig – lebensnah

Illustriert von Oscar M. Barrientos

Eichborn Verlag

Es opferte sich als Humor-Berater: Norbert Troche.

CIP-Titelaufnahme der Deutschen Bibliothek

Schwarze, Achim:
Das standesgemäße Extra für den Cabrio-Fahrer / Achim Schwarze. – Frankfurt am Main : Eichborn, 1990
ISBN 3-8218-2177-9

Umschlaggestaltung: Uwe Gruhle unter Verwendung einer Zeichnung von Oscar M. Barrientos.
Gesamtherstellung: Fuldaer Verlagsanstalt GmbH
ISBN 3-8218-2177-9.
Verlagsverzeichnis schickt gern:
Eichborn Verlag, Sachsenhäuser Landwehrweg 293, D-6000 Frankfurt 70

INHALT

DAS CABRIO-GEFÜHL – WARUM WIR CABRIO FAHREN

Der Aufenthalt im geschlossenen Kraftwagen führt zu einer Entfremdung des Individuums von seiner Umwelt, dem Universum und damit seinen Eltern, vom Sinn der eigenen Auswahl an Videofilmen und schließlich auch: Entfremdung von sich selbst. Der Cabrio-Fahrer ist der bessere, nämlich menschmäßigere Mensch, weil er **drin** ist, manchmal auch voll drin, seltener als andere übrigens bis zum Hals. Wo drin? Im Hier und Jetzt natürlich, und das zu einem Preis deutlich unter dem, den bärtige Gurus selbst zum Winterschlußverkauf noch fordern.

So lehnt sich der Offen-Fahrer weit heraus ins Eigentliche, steckt Kopf und Körper direkt in den Schoß der Urgewalten, setzt sich Sonne, kosmischer Strahlung, frischer Luft und Attentatsversuchen, also seinem Schicksal aus und denkt, welch unvergleichliches Gefühl es doch ist, im Cabrio durch Gottes Schöpfung zu fahren! Über ihm nur der Himmel, der freie Himmel, wenn er nicht gerade mal wieder bedeckt ist, dann aber immerhin die Vorstellung, daß es über den Wolken in der bekannten freien Manier weitergeht.

Das Cabrio schwimmt wie eine Blase der Evolution frei atmend und folglich intelligent auf der grauen Ursuppe des primitiven Straßenverkehrs, mittendrin, aber dabei auch distanziert. Welch ein Fortschritt zum Pferd! Der Wagen verlangt weniger Pflege. Wer möchte außerdem Pferde in der Tiefgarage halten? Immer gäbe es neidische Nachbarn, die unter dem Vorwand

CABRIO-MODELL
"ROMANIA"

eines falsch verstandenen Tierschutzes Anzeige erstatten würden. Dennoch: mit dem Pferde langsamen Schrittes auf dem Bürgersteig spazierenreiten... Nicht schlecht, aber auch ein bißchen überzogen, sogar in Düsseldorf.

Da wir gerade bei der Stammesgeschichte des Cabrio sind, muß auch das Motorrad untersucht werden. Das Fahrerlebnis läßt sich nur bedingt vergleichen. Zwar wirken Wind und Wetter auf den Kradler noch stärker ein als auf den Cabrio-Fahrer, und auch der Nervenkitzel ist größer, denn Unfälle mit dem Motorrad sind wahrscheinlicher und obendrein medizinisch interessanter als solche im offenen Wagen. Übrigens wirklich ein prima Gesprächsthemen! Wo ist man sonst noch Held wie beim Sturz oder auf dem OP-Tisch!? Aber der ganz große Unterschied liegt doch woanders: Ein Cabrio bremst man ab, – und gut. Kommt man aber mit einem Motorrad zum Stillstand, so fällt man schlicht um. Und braucht sich um den Spott nicht zu sorgen...

Nun wird manch ein schlauer Leser einwenden wollen, man könne sich als Motorradfahrer ja abstützen. Stimmt. Weiß ich. Alter Trick. Aber ist das wirklich elegant? Und wollen wir uns denn zum Sklaven einer Maschine machen, die offensichtlich weniger gut durchdacht ist als das altbewährte Pferd, das beim Halten ja auch nicht umfällt? Na also. Ausklappbare Stützräder würden das Kernproblem der Motorradfahrer ein für alle Male lösen, konnten sich bisher aber wegen der Eitelkeit der Lederkluft-Fans nicht durchsetzen.

Kommen wir zu den Anwürfen, die von unverständiger Seite immer gegen das Cabrio-Fahren gemacht werden. Mehr oder weniger umständlich wird dem Cabrio-Fahrer da vom eingeschworenen Sardinendosen-Besitzer aufgelistet und erklärt, was gegen Cabrios spricht: Ein Cabrio sei im Vergleich zum geschlossenen Wagen teurer, habe weniger Platz, sei empfindlicher, erfordere ständige Umrüstung auf die jeweilige Witterung – alles in allem eher unbrauchbar, nutzlos, überflüssig und unvernünftig.

Moment, jetzt nicht gleich billig protestieren! Das armlange Starkstromkabel, das wir unter dem Beifahrersitz aufbewahren, lassen wir dort auf ernstere Situationen der Notwehr warten. Die Spötter haben doch recht! Aber gerade **weil** alle Vernunftargumente **gegen** das Cabrio sprechen, ist Cabrio-Fahren das, was wir Cabrio-Fahrer schon immer darin gesehen haben: **gehobene Lebensart**!

Luxus fängt da an, wo der rohe Nutzen in den Hintergrund tritt. Ein bewußt inszeniertes und gelebtes, ich sollte sogar sagen: genossenes Leben zeichnet sich durch Verfeinerung aus. Ein Beispiel aus der Welt der Mathematik: Selbstverständlich darf man auch als Kenner einen geschlossenen Zweitwagen besitzen, der gern für bis zu 92 % und mehr der gesamten automobilen Bewegung seines Besitzers eingesetzt werden darf (und dabei übrigens Zweitwagen bleibt!). Was wirklich zählt, sind aber die unnötigen und am allerliebsten ziellosen Kilometer im offenen Gefährt.

Natürlich wird das Cabrio als Symbol des exklusiven Lebensstils gesehen und dabei auch nicht unbedingt mißverstanden. Aber was ist denn bitte schön einzuwenden gegen den Müßiggang des Bonvivants? Die übliche Fehleinschätzung setzt da an, wo vermutet wird, daß Cabrio-Fahrer nicht für sich selbst, sondern für ihr Publikum automobile Entscheidungen treffen und in protzerischer Manier herumfahren. Dabei läßt es sich auch der automobile Adel nicht nehmen, gelegentlich im offenen Flitzer bei Massa vorbeizufahren und eine Rückbank voller Sonderangebote für die Truhe zu Hause zu besorgen.

Andererseits kann niemand ernstlich verlangen wollen, daß man auf etwas verzichtet, nur weil andere einem nachschauen würden. Wir leben ja in einem Lande, in dem auch immer mehr Frauen unverschleiert laufen dürfen und man nur den 0,6 % von der Benutzung eines Minirockes abrät – und zwar aufs diplomatischste –, die ihn aus genetischen Gründen wirklich nicht tragen können.

Der echte Cabrio-Fahrer will **sehen**, was um ihn herum und – Achtung Unfallgefahr! – über ihm vor sich geht. Das Gesehen-Werden nimmt er billigend in Kauf. Nun gibt es sicher einige wenige Cabrio-Fahrer, denen die eigene Prominenz vielleicht ein wenig mehr im Vordergrund stehen mag. Aber wollen wir das nicht als liebenswerte menschliche Schwäche durchgehen lassen?

Wenn die Ethik-Diskussion was gebracht hat, dann doch die Erkenntnis, daß jedes Verhalten genehmigt und geduldet werden muß, man sich für das eigene Tun also nicht zu schämen braucht, das man auch ohne Publikum an den Tag legen würde. So wie ein Cabrio-Fahrer sich auf der einsamen Insel ohne MitbürgerInnen verhalten würde, so darf er sich auch in der BRD aufführen. Na ja, so ungefähr fast wenigstens. Also seien Sie beruhigt: Niemand verlangt von Ihnen, daß Sie aus Rücksicht auf nicht differenzierende Pöbler auf irgendeine Ihrer Charaktereigenschaften verzichten sollen! Machen Sie Ihr Ding – außer wenn der andere mit Dienstmütze erscheint. Bekennen Sie sich zum Prinzip Lust! Die Cabrio-Fahrer-Forschung ist sich sicher: Der echte Cabrio-Fahrer würde auch auf der einsamen Insel täglich eine Frisur haben und nicht nur Haare. Und wenn es Sie beruhigt: Bei uns ist die Todesstrafe längst abgeschafft.

Auffallen liegt in der Natur der Sache. Natürlich werden Sie von den anderen permanent angeschaut und bestaunt. Das geht auch dem Kanzler oder Mike Krüger so, selbst wenn sie mal nicht an der Leine gassi geführt werden, sondern als Freiläufer durchaus an Menschen erinnern und solche gefährden. Was soll's?: Der Wagen ist schön, und wir sind's doch ebenfalls.

Leisten Sie Widerstand gegen militante Datenschützer, die jeden Verkehrsteilnehmer in uneinsehbaren Einheitspanzern herumkurven sehen wollen. Wir fahren Cabrio, weil wir uns nicht zwingen lassen, so zu tun, als hätten wir was zu verbergen. Cabrio-Fahrer sind für Abrüstung und Glasnost. Die Transparenz endet für sie früh genug beim Nummernkonto.

Gehobene Lebensart duldet keine Kompromisse. Bestimmte Merkmale eines mangelnden Komforts gehören einfach dazu, wenn's wirklich zünftig und also hoch hergehen soll. Kein Rausch ohne Kater, kein Cabrio ohne Schwielenbildung an Lenkerhänden und Sitzfleisch, kein Cabrio-Fahrer-Leben ohne Hirnhautentzündung, Erfrierungen. Dafür machen die Kurven doppelt Spaß! Dreifach! Auch zum Skilaufen gehören schließlich Temperaturen, die für den Menschen eigentlich nicht geschaffen sind, ja tödlich sein können. Wir fahren Cabrio, denn das Leben ist schon weich genug.

Der Cabrio-Fahrer bewegt sich also streng in der Ideologie der moderne, die jedem Gerät direkte Zweckmäßigkeit diktiert, Ornament, Verwässerung, vernünftige Federung und andere verwerfliche Halbheiten aber verbietet. Post-moderne Cabrios wie etwa die ausgesprochen bequemen SLs von Mercedes oder, schlimmer geht's nimmer, die offenen Familienkutschen von Ford oder der Golf haben ihre Gemeinde, werden aber vor den Cabrio-Historikern kommender Jahrhunderte so wenig bestehen können wie der amtierende Friedenskanzler oder die Gesundheitsreform.

Für das Authentische waren die großen Geister der Geschichte schon immer bereit, in einem gewissen Maße auch zu leiden. Unfallrisiko und Gemeingefährlichkeit sinken zudem, wenn man aufgrund veralteter Technik oder Abwesenheit von Komfort generell gezwungen ist, sich auf das Bedienen und vor allem Lenken des Cabrios zu konzentrieren.

Verschweigen wir neben aller Lobhudelei nicht den einzigen störenden Aspekt des Cabrio-Fahrens: bei geschlossenem Verdeck und beschissenem Wetter fühlt sich die Exkursion im Cabrio genauso an wie der Aufenthalt im feuchtkalten Ambiente der mit Heringen im matschigen Erdreich verankerten Stangen- und Segeltuchkonstruktion, wie man sie in den Zeltlagern der Welt seit Jahrhunderten kennt.

Dazu ist folgendes zu sagen: Erstens haben sich durch den wochenlangen Aufenthalt auf unwirtlichsten Campingplätzen die größten Feldherren der Weltgeschichte ihren großen Namen verdient. Zweitens: Gerade die Eliten brauchen zur Pflege ihres Killer-Instinktes das gelegentliche Camping-Gefühl, denn nur im klammen Cabrio wird der Frustrationsdruck so hoch, daß er sich schlagartig in den trotzigen Wunsch verwandelt durchzuhalten und sich die Erde untertan zu machen.

Auf contra zu

Es spricht viel für den Käfig. Wie sähe es in Deutschland aus, wenn sämtliche Krododile, afrikanische Bakterienstämme, Batteriehennen, Godzilla, RAF-Mitglieder und sonstige Gefahrenherde frei herumlaufen könnten? Für die Aufbewahrung von unmündigen Lebewesen, die man lieber nicht sich selbst überlassen möchte, bietet der Käfig eine überzeugende und dabei fast noch humane Lösung. Sehr vernünftig.

Aber ist die Vernunft nicht ohnehin weit überrepräsentiert in unserer modernen Welt? Man denke nur an Immanuel Kant, Frank Elstner und die überaus rationale »Ritter Sport«. Müssen wir nicht froh sein, daß die größten unserer Geister etwas dagegen gesetzt haben – nämlich Musik, Theater, Literatur, Cabrio-Fahren - kurz: die schönen Künste?

Kann Geschlossen-Fahren überhaupt Spaß machen – und, wenn ja, wem? Die Beantwortung dieser Frage ist eine tolle Herausforderung an das Allensbach-Institut und Elisabeth Noelle-Neumann persönlich! Lisa, die Ikone der Volksbefragung, sucht seit Jahren einen Weg mit Fischen zu sprechen oder sie doch wenigstens dazu zu bringen, Fragebögen auszufüllen. Dann nämlich könnte sie endlich mal die Ölsardinen nach ihrem und dem Dosenerlebnis an sich fragen. Nein? Stimmt: Ölsardinen sind ja zugegeben tot. Und daß man sich mit verstorbenen Fischen unterhalten könnte, auch wenn man der durchschnittlich toten Sardine so ähnlich sein mag wie Frau Noelle-Neumann, davon hat man bisher noch nichts gehört. Der »Stern« hätte es ganz sicher gebracht.

Deshalb ist Cabrio-Fahren immer auch ein Bekenntnis zur Französischen Revolution, bedingt auch zum Leninismus und damit ein gelebtes, gepflegtes und betanktes Plädoyer für die schönste Symbolhandlung des unbezähmbaren Freiheitsdranges: das wilde Kampieren im Buschwerk neben Autobahnraststätten, Camping überhaupt und ein bißchen FKK.

Das revolutionäre Freiheitsgefühl kommt unterm Dach nicht auf. Sowieso nicht, und schon gar nicht eingezwängt unter dem Dach des modernen Klein- oder Mittelklassewagens. Selbst im geräumigen S-Klasse-Daimler fühlt man sich nicht frei. Das glauben Sie nicht? Machen Sie die Probe aufs Exempel:

Leihen Sie sich bei gutem Wetter einen dicken Benz von »interRent«. Schlagen Sie mit einer Axt sämtliche Scheiben heraus, rundum. Die Frontscheibe lassen wir erstmal unberührt, die kommt erst nach 20 Testkilometern dran.

So, jetzt beginnt die Testfahrt. Ach ja, das Schiebedach können Sie gerne auch noch aufreißen! Und? Sage ich doch, das Gefühl von Freiheit läßt sich so leicht nicht herauskitzeln!

Und nun Teil zwei des Selbstversuches: Sie fahren zu Ihrer Vertrauenswerkstatt, erteilen den entscheidenden Auftrag. Sie halten sich die Augen zu, damit die Überraschung gleich größer sein wird. Sie hören das Heulen der Flex[1] und stellen sich vor Ihrem inneren Auge die dekorative Fontäne fliegender Funken vor, von denen einige im noch glühenden Zustand auf den Lack benachbart abgestellter Kundenwagen fliegen. Erst auf Kommando – nein, unsereiner schummelt nicht! – öffnen Sie die Augen. Und? Der 500er von »interRent« hat doch sehr an Überzeugungskraft gewonnen, nachdem das Dach endlich abgeschnitten ist, oder?

Selbst wenn Sie nun direkt zum Ansprechpartner von »interRent« fahren, weil Sie den Leihwagen schließlich fristgerecht zurückgeben müssen, selbst auf diesen wenigen Kilometern weht Ihnen der ganze Unterschied direkt ins Gesicht. Ohne Dach, das ist doch gleich ein ganz anderes Gefühl! Viel ungezwungener. Ohne Dach eben. Freiheit. Und irgendwo ein bißchen leninistisch – da geben Ihnen die von »interRent« ohne Zögern recht.

Von wegen »Freude am Fahren!« Der käfigförmige PKW ist und bleibt Aufbewahrungsstätte für den Frusti. Er wird lernen müssen, daß er - selbst im BMW – seinem Frust nicht davonrasen kann, trotz 24 Ventilen! Und so manch einem dieser am Gemüt Kranken könnte geholfen werden, wenn die Kasse ihm einen Cabrio auf Rezept verordnen würde. Nicht unbedingt zum Behalten, aber wenigstens als Kur...

1 auch Trennscheibe oder Trennschleifer genannt.

OBEN OHNE BEI JEDER WITTERUNG

Hart im Nehmen

Seit der guten alten Zeit, also der indogermanischen Völkerwanderung, läßt sich in unserem Volk der irrationale Drang zum Schlechtwettererlebnis beobachten. Ohne ihn hätten unsere Ahnen wahrscheinlich nie die warme Heimat im Zweistromland verlassen, auf gar keinen Fall wären sie über die Alpen gekraxelt.

Dank dieser Umstände sind die Eigenschaften von Kruppstahl und Leder bei uns traditionell besonders verbreitet, und eine Leidenschaft fürs Unbequeme zeichnet den Nordmenschen aus, der – einmal Neandertaler, immer Neandertaler – auch in unseren Zeiten freizügiger Reiseregelungen in seiner angestammten, unmenschlichen Klimazone ausharrt, anstatt eine neue Völkerwanderung nach mindestens Südspanien und Portugal zu starten, und sei es in der bewährten Invasions-Form.

Der Nordmensch findet seinen reinsten Ausdruck im Cabrio-Fahrer. Er liebt das Abenteuer. Er sucht den Intimkontakt zu den Urgewalten auch jenseits seines Schlafzimmers. Es zieht ihn raus in die Wildnis, wo er außer sich selbst auch das loben kann, was hart macht. Sein treuer Begleiter heißt Reinhold Messner. Diesen lustigen Namen hat er seinem inneren Schweinehund gegeben. Der ist sehr gelehrig und kann schon mehrere Kunststücke. Kunststück - er bekommt regelmäßig PAL, genau wie Herrchens Color-Fernseher.

Irgendwo schwingt ein gewisser Hang zum Heidnischen mit. Respektlos ignoriert der Freund des Oben-ohne-Fahrens den Willen des Christengottes, was das Wetter betrifft, fürchtet aber trotzdem nicht, sich den sicheren Listenplatz im Himmel zu versauen. Denn im tiefsten Herzen ist er fromm, auch als Leninist, der den Anzeigeinstrumenten nicht vertraut, sondern den Ölstand ständig kontrolliert. Ist auch besser so.

Alle reden vom Wetter – wir nicht

Jedes Wetter wird im Cabrio zum Wetter-Erlebnis, zum Erlebnis-Wetter oder zum Erlebnis Wetter:

Wenn die **Sonne** dauernd scheint, muß Schutzkleidung aus Asbest angelegt werden, damit man sich an den Polstern nicht verbrennt.

Doch nun zu den Vorzügen: Der Beschuß mit UV-Strahlung führt zu einer ästhetisch ansprechenden Erregung der hauteigenen Melanin-Partikel – der Laie spricht von Bräunung, der Neider von »Arbeitslosen-Teint«. Bei längeren Sonnenfahrten wird das Fahrerlebnis weit über die reale Fahrzeit hinaus verlängert. Kann es eine schönere Erinnerung an die ausführliche Tour des Tages geben als abends den pochenden Schmerz des Sonnenbrandes im Bett, Häutungen oder sogar – später einmal – den wissenschaftlich interessanteren Hautkrebs?

Strahlungsfeindlich eingestellte Cabrio-Fahrer oder solche mit empfindlicher Haut (bzw. die, die ihre Schutzcreme verbummelt haben) rasen bei Sonnenschein besonders gnadenlos, weil die Gleichung gilt: Je mehr km/h desto weniger irreparable DNA-Defekte/qm². Eincremen hilft, ist aber nur bei schon speckigem Polster ohne die Gefahr schwerster psychischer Folgeschäden möglich.

Wenn die Sonne bei Mischwetter nur gelegentlich einmal hervorlugt, lohnt es sich nicht, das Verdeck zu öffnen. Stattdessen erleben und genießen wir den »Käseglocken-Effekt«: Der Innenraum heizt sich auf, auch wenn es der Werkstatt nach nur fünf Anläufen gelungen sein sollte, die Regler und Schieber der Heizung wieder gängig zu machen und damit die im Sommer nicht immer erwünschte Dauerzufuhr an Warmluft aus dem Gebläse zu unterbrechen – dabei hatte man sich im Winter noch so über das werkstattseitige Anstellen der Heizung gefreut und war sich sicher, nie wieder Normalluft zu wollen. Ja, liebe Käfer-Cabrio-Freunde, Sie wissen ein besonders vielstrophiges Lied davon zu singen!

Die Lebenshaltungskosten sinken, weil Ausgaben für den Saunabesuch künftig entfallen. Schwitzen entschlackt und ist gesund. Führen Sie sich gleichzeitig Zugluft zu! Das härtet ab und läßt sich sowieso nicht verhindern.

Der **Wind** kommt im Cabrio auch bei Windstille vor, dann in Form von Fahrtwind, außer natürlich beim Parken. Zur Kühlung mitgeführter Getränke ist er nur bedingt geeignet – denn wer möchte schon jedesmal vor Fahrtantritt sein Six-Pack mit Sekundenkleber auf dem Kotflügel befestigen? Zur Kühlung des Mütchens werden besonders große und intensive Windstärken benötigt, wie sie bei Gefällestrecken ab 34 % unter Verwendung des Bleifußes entstehen.

Der Wind hat intensive Konsequenzen fürs Erscheinungsbild des Cabrio-Fahrers: Dünnes Haar bekommt mehr Volumen und wird im Idealfall zur wilden **Frisur** verwirbelt. Dazu ist es entscheidend wichtig, daß der Kopf abwechselnd im linken und dann wieder im rechten Halbprofil in den Wind gehalten wird. Bei dickem Haar führt Wind leider oft zum Verlust der Frisur, genauer gesagt: einer Änderung ins – meist – Zerzauste.

Im Kampf gegen die nicht immer kalkulierbaren Effekte des Fahrtwindes empfehle ich die Verwendung von Wet-Gel oder ein Haarnetz. Es bewähren sich auch die sportliche Streichholzfrisur oder der »Udo-Lindenberg-Trick«, bei dem ein ununterbrochen getragener Hut oder eine Kappe die Frisur, Unfrisur, Platte oder Kriegsverletzung verbirgt. Ein Tip hierzu: die meisten Hüte lassen sich am Kopf auch festkleben.

Die strömungsgünstige Kopfhaltung ist das einzige wirklich probate Mittel gegen Beschädigungen der Frisur, erfordert aber massenhaft Trainingskilometer. Beobachten Sie das Spiel Ihrer Strähnen in allen Spiegeln, denn außer dem Schminkspiegel in der Sonnenblende des Beifahrers können Sie alle Spiegel so stellen, daß Sie sich selbst in ihnen sehen können.

Läßt sich auch nach dieser Methode die ideale Kopfhaltung nicht ermitteln, so sollten Sie eine Hilfperson an den Kühlergrill fesseln – zur deren eigener Sicherheit –, welche während einer 100 km langen Testfahrt in allen Geschwindkeiten löffelweise Mehl in den Fahrtwind schüttet und damit Luftströmungen sichtbar macht. So ersparen Sie sich das kostspielige Üben im Windkanal. Sollten Sie aber ohnehin einen Windkanal besitzen, können Sie den eben beschriebenen Trick gleich wieder vergessen.

Speziell für die Cabrio-Fahrer-Gemeinde wurde durch ein hochspezialisiertes deutsches Forscherteam das momentane Spitzenprodukt der frisurkonservierenden Industrie entwickelt: das »3-Wetter-Taft«. Hersteller habe ich vergessen, aber Ihr Ansprechpartner in Ihrem sicher gutsortierten Lieblings-Supermarkt sollte Sie da kompetent zum entsprechenden Regal führen, bzw. beraten können, welcher besser sortierte Laden garantiert mit »Taft« bestückt ist. Halt! Wie ich soeben über CB-Funk erfahre, heißt das Zeug in der FCKW-freien Dose »Allwetter-Taft«. Toll! Jetzt nicht nur ideal für drei verschiedene Wetterformen, sondern für alle Wetter. Donnerwetter! Also sogar für Kaiserwetter!

Gott hat uns Cabrio-Fahrer mit einem besonderen Sinnesorgan für den Wind ausgestattet, mit unseren **Ohren** nämlich. Vor allem im Winter erkennen wir am Splittern der Muscheln bei Berührung, daß wir es mit dem Offenfahren (oder heißt es Auffahren?) übertrieben haben. Jetzt aber schnell Verdeck zu und aufwärmen – gern auch mit Branntweinhilfe!

Auch bei Zimmertemperaturen draußen wirkt der Fahrtwind auf die Ohren, wenn auch diesmal akustisch und daher weniger auf die sichtbaren Teile als vielmehr auf die im Hohlraum Kopf versteckten Innereien des Hörsinnes. Es rauscht, heult und pfeift.

Hier ist die druckstarke Stereoausrüstung gefordert. Leider ist mir im Moment noch kein Hersteller bekannt, der sich auf die besonderen Erfordernisse der Cabrio-Fahrt eingestellt hat und eine Anlage mit einer Automatik anbietet, mittels derer der Pegel der Boxen beim Verlangsamen der Fahrt der neuen Klangsituation angepaßt wird und übermäßigen Lärm – immer auffällig und schnell peinlich! – vor allem bei Ampel-Halts vermeidet. Der Fahrtwind bleibt bis zur Markteinführung solcher Produkte Unfallfaktor Nummer eins – denn bisher plazieren Cabrio-Fahrer regelmäßig eine Hand am Lautstärkeregler, während mit den Knien gelenkt werden mußte, weil die andere Hand nach heruntergefallenen Kassetten fischte.

Aufgrund einer anderen Folge des Fahrtwindes erkennen sich Cabrio-Fahrer auch dann, wenn sie sich ausnahmsweise mal mehr als 37 Längen von ihrem geliebten Kraftwagen entfernt haben. Es ist dies der **steife Nacken**, der sich geradezu als geheimer Gruß unter Eingeweihten etabliert hat. Wer vorschnell gegen den steifen Nacken urteilen, ihn gar als Unpäßlichkeit diffamieren möchte, der sollte bedenken, daß der steife Nacken, wenn richtig vorgetragen, ausgesprochen selbstsicher und gesetzt wirkt – vielleicht gar ein wenig aristokratisch und damit gemessen und also uns besonders angemessen.

Man kann, als Besitzer eines steifen Nackens, keine ruckartigen Kopfdrehungen vollführen. Das hat keine Nach-, aber zwei Vorteile: Zum einen zeichnet es seit den Zeiten unserer Vorväter den überlegenen Mitmenschen aus, daß er sich nicht von zweitklassigen Sensationen ablenken läßt. Zum anderen haftet der Zuckung als solcher immer ein Geschmack von Invalidität, und sei es psychischer, an.

Vergessen wir den dritten, nicht aber den vierten Vorteil: Natürlich können Sie darauf drängen, daß Ihre Beifahrerin Ihnen die Sportverletzung auf das gefühligste massiert und gern auch die angrenzenden Areale bis hinunter zur Gürtellinie und weiter - **viel** weiter... »Oh ja, mach weiter! Gitte! Bitte! Weiter!«

Man mag die Symbolkraft des Windes noch so schätzen: das Wilde, Spontane, Unberechenbare. Aber den Verlust von Ladung oder Dekoration hilft dies kaum verschmerzen. Da reißt es mit der Urkraft des Zyklons, dem man in der Karibik längst einen Namen gegeben hätte, an Käppi oder Seidentuch – und – Lebewohl! – Vollbremsung! Mein schöner Hut! Oder: Das Seidentuch von Hermes, im Prinzip von Raupen ausgeschieden, dann in Paris geschmacklos bedruckt, Neupreis 625 DM! Der Groschen fällt auch bei Ihnen: »Ah, das sind also diese Leute, die in die kleinsten Lücken zwischen den rasenden Autos auf der Überholspur der Bundesautobahn springen und so eine Art Schmetterling zu jagen scheinen!«

Und wieder schlief das deutsche Unternehmertum! Für Cartier-Uhren,

Brillianten-Armbänder, ja sogar für Brillen gibt es diese Fangketten gegen das Weggeblasenwerden, nur nicht für Hals- und Kopftücher. Warum diese Ausgrenzung?

Zwischenbemerkung: So wie die Teflon-Pfanne ein Abfallprodukt des Apollo-Mondlandeprogrammes der NASA ist, so verdanken Milliarden Fahrgäste geschlossener PKW den überaus praktischen Sicherheitsgurt der Angst der Cabrio-Fahrer vor dem Weggeblasenwerden.

Benutzen Sie einstweilen Schals. Ihre Erben werden es Ihnen danken. Ein schönes Andenken an Sie und Ihre letzte Fahrt wickeln die Hinterbliebenden von der Steckachse – das eine Ende des langen Schals war unter die Räder gekommen und damit für Sie zum Ende der Fahnenstange geworden.

Doch nicht nur Fahrtunterbrechungen mit Todesfolge verdanken wir dem Wind. Besonders häufig bläst er Papiere aus dem offenen Wagen. Das sieht nicht nur nach leichtfertiger Umweltverschmutzung aus, es kann unter Umständen zu unerwünschter Akteneinsicht oder Verlust von Schuld- und Geldscheinen führen. Legen Sie vor allem nicht gar zu leichtfertig lose Banknoten auf Beifahrersitz und Rückbank! Feuchten Sie das Geld vor jeder Fahrt zur Sicherheit an. Dadurch wird es wesentlich windbeständiger.

Wasser

Seit Zeiten der Ursuppe Lebensspender und beliebtes Volksgetränk, welches im Zeitalter raffinierterer Durstlöscher aus dem Hause Schweppes, Moët und Pepsi leider nur noch von einigen Wüstensöhnen und -töchtern in angemessenem Umfang geschätzt wird. In der Vorweihnachtstzeit beim traditionellen Duschen unersetzliche Flüssigkeit.

Dem Cabrio-Fahrer begegnet diese Substanz in verschiedenen Aggregatzuständen, und dies bei immer anderer Vorgeschichte:

In seiner Verkleidung als **Schwitzwasser** rinnt es im Winter an den Scheiben, im Sommer an den Achselhöhlen herunter. Auch auf Brust und Rücken ist es gelegentlich anzutreffen.

Besonders im Cabrio erleben wir Wasser in Form des klassischen **Rinnsals** – bei geschlossenem, jedoch nicht ganz dichtem, aber auch nicht undichtem Verdeck. Häh? An sich ist es zwar dicht, aber andererseits: Muß der Wind den Regen unbedingt direkt in die eigentlich vorschriftsmäßigen Fugen blasen? Cabrio-Fahrer wundern sich immer wieder über die Bereitschaft der Naturkräfte und Witterungsphänomene zur gezielten Konspiration – »immer, wenn ich mal unterwegs bin!« Ausgerechnet.

Es ist nicht immer einfach vorherzusehen, ob ein offener Wagen unschuldiges Opfer des Wassers wird. Aufessen der Sättigungsbeilagen und anschließendes Tellerlecken bringen nur selten das erhoffte Schönwetter. Und trotzdem, auch Sie können etwas tun und ganz persönlich Ihren Beitrag leisten zur

Trockenheit des Innenraumes. Nehmen Sie sich einfach fürs nächste oder übernächste Mal vor, ein ungewöhnliches Experiment zu machen: Schieben Sie Ihr Cabrio mit **geschlossenem (!)** Verdeck in die Waschanlage.

Bei **Regengüssen** hingegen stehen dem Geübten einige erprobte Gegenmaßnahmen zur Verfügung. Dem nassen Element stemmen wir den rechten Fuß entgegen: Ab einer Mindestgeschwindigkeit von 72 km/h gelangt durch die glückliche Wirbelbildung kein Regentropfen auf den Fahrer – er rast mit seinem Luftkeil die Spielstraße entlang und entzieht sich dem Unwetter. Wer feige ist und nicht jede Ampel auch bei Rot noch nehmen will, spanne während jedes Haltes seinen Knirps auf. Umständlich? Sage ich doch: Im Zweifel ist Rasen immer die bessere Lösung! Und Kinder aus intakten Familien sind bei Regengüssen sowieso nicht draußen. Den anderen, der Verbrechergeneration von morgen, täte das in der Natur seit Jahrmillionen bewährte Prinzip der natürlichen Auslese doch nur gut.

Noch mit einer anderen Methode kann der Cabrio-Fahrer bei einer offenen Fahrt im Regenwetter staubtrocken davonkommen: Er muß sich Stoßstange an Stoßstange hinter einen Lastwagen klemmen, der ebenfalls durch überhöhte Geschwindigkeit die Verschwendung der Lebenszeit seines Fahrers an den entfremdeten Arbeitsprozeß begrenzen will. Im Windschatten fährt man trocken und nutzt zudem die energiesparende Sogwirkung des Vordermannes. Und: Einen besseren Schutz vor Polizeiradar gibt es nicht.

Aber unterschätzen wir die Gefahren der engagierten Windschattenfahrt nicht! Es kann zu Dauerschäden führen, wenn man stundenlang, wieder und wieder und dann auch noch in Breitwand zwei Meter vor der Nase lesen muß: »Die frischen Kräcker von Bahlsen«. Ein Gutteil der offenen Unfaller, die per Kleinanzeige von Hinterbliebenen billig zum Auschlachten ausgelobt werden, gehen auf die tödlichen Folgen der unfreiwilligen Meditation über Reklameaufschriften auf LKWs zurück. Besonders Bahlsen hat schon so manchen unserer Besten auf dem Gewissen.

Ein bißchen Reinregnen macht unser Cabrio nicht gleich zur Naßzelle. Aber wann ist die Grenze erreicht? Eigentlich immer bei den klassischen Symptomen von Hochwasser (in Bangladesh hilft dann aber auch kein Verdeck, aber endlich bewährt sich der bei uns noch oft deplaziert wirkende Schwimmwagen). Zur akustischen Warnung vor Wasser kleben Sie sich einfach ein paar Brausetabletten aufs Armaturenbrett. Schwerhörige lassen sich ihr Fahrzeug von innen kacheln.

Und was tun wir bei **Hagel**? Zum persönlichen Personenschutz nicht nur gegen Hagel sondern auch Meteoriten und die Ausscheidungen gefiederter Zeitgenossen im überfüllten Luftraum über der BRD trägt der engagierte und vorausschauend denkende Cabrio-Fahrer einen Sturzhelm – wenn er sich nicht gleich ein buntes Surfbrett über den Kopf schnallt.

Schnee ist die psychologisch unerfreulichste Variante des Wassers. Das Cabrio mag nicht gerade für den Winter geschaffen sein, fällt einem besonders im Winter auf. Man kommt sich winters immer irgendwie deplaziert vor im Sommer-Sonne-Wagen. Stoiker jedoch fahren auch bei Schnee offen.

Schutz gegen die Witterung

Im Kleiderschrank des Cabrio-Fahrers finden sich Bekleidungsmittel, die auf den ersten Blick nicht nur unmodisch, sondern bereits von ihrem Wesen her für jegliche modische Durchgestaltung ungeeignet erscheinen. Das muß Ihnen nicht peinlich sein. Im Gegenteil. Selbst verwöhnte Gecken beneiden den Träger esoterischer Nutz- und Schutzkleidung: **Echte** Wathosen für den Berufsangler, **echte Gummistiefel** der Sondereinheiten des Bundesgrenzschutzes oder des Kanzlers Anorak, beim Schnellimbiß bekleckert und mit Autogramm. Sollten die verwendeten Textilien Goretex enthalten, so ist jeder Mitbürger ungefragt darauf hinzuweisen.

Die verschiedenen Spielarten des Voodoo-Kultes zur Beeinflussung der Witterung oder wenigstens der Erreichung eines zombimäßigen Zustandes der Witterungsunempfindlichkeit konnten sich bei uns nicht durchsetzen. Eigentlich schade...

Nur mangelhaften Schutz gegen die Unbilden der Witterung bietet der Rundfunkempfänger im Kraftwagen. Nichtmal das teure »Becker Mexiko« kann man sich vernünftig über den Kopf ziehen, und auf seine Vorhersagen ist sowieso kein Verlaß.

Das Cabrio freut sich, wenn Sie bei überraschendem Wechsel der Witterung eilig Unterschlupf suchen, irgendwo im Trockenen parken und auf Änderung warten. Daher: Immer Notgepäck für 14 Tage dabeihaben! Beim längeren Kampieren unter Autobahnbrücken lernt man interessante Menschen kennen, deren Verdeck auch nicht funktioniert.

Der Cabrio-Kalender

Eigentlich ist immer irgendwie Sommer: Frühling ist fast schon Sommer, Herbst ist fast noch Sommer, Winter ist die Jahreszeit, zu der auf der Südhalbkugel Sommer ist. Wer im Winter Cabrio fährt, zeigt also seine Solidarität mit der Dritten Welt und deren Kampf gegen den Imperialismus, auch klimamäßig.

WINTER

Bisher muß man das mit dem Ozonloch und dem Treibhauseffekt leider als leere Versprechung abtun. Unser Winter dauert von September bis Mai und stürzt viele von uns in bibbernde Depression. Andererseits: Vielleicht gehören Sie ja momentan zu den 10 % Cabrio-Fahrern, die an manchen Wintertagen über ein funktionsfähiges Gebläse staunen dürfen.

Wie verbringt der Cabrio-Fahrer den für ihn so grausamen Winter? Selbst wenn man das geliebte Auto nicht vors Haus schickt, wird die innige Beziehung zwischen Fahrzeug und Halter nicht jählings unterbrochen. Immer mal wieder unternimmt der Cabrio-Fahrer einen kleinen Gang in die Garage. Ganz leise, er möchte sein Murmeltier nicht aus dem Winterschlaf wecken. Liebevoll streicht er dem Wagen übers Blech und beginnt, gedämpft mit ihm zu reden. „Hättest du was dagegen, wenn ich ...?« – Das schlaftrunkene Gefährt zeigt Verständnis, denn es bringt keinen Laut der Ablehnung hervor.

Kurz wird es einmal angelassen, bei geschlossener Garagentür. Oh, dieser unvergleichliche Wohlklang! Doch verlieren Sie sich nicht in automobilen Traumwelten – Erstickungsgefahr!

Der Genießer setzt sich vor dem Kaltstart ein Weilchen hinters Lenkrad und simuliert eine geliebte Strecke, gern auch mit siegreichem Unfall oder wenigstens Schleudermanöver. Mit seinen Sprachorganen imitiert er die für den Rennsport typischen Motor- und Bremsgeräusche.

Bei Minusgraden haben wir reichlich Muße zum Spinnen eines kräftigen Cabrio-Garns: Ja, Cabrio-Fahren durch die verschneite, deutsche Heimat, durch knirschenden Schnee, Fuchsschwanz an der Antenne, noch 630 km bis Stalingrad.

Und weiter geht die wilde Fahrt, ganz in den Grenzen von 1940 und in der Tradition des Humanismus: Es wäre schon viel geholfen, wenn für den Winter... – Wir wünschen uns eine elektrische Oberleitung, um von ihr den Saft für den Fön oder den zusätzlichen Heizlüfter abzugreifen. Oder wir fahren im heizbaren Overall, wie die Jet-Piloten. Den Strom beziehen wir aus dem Zigarettenanzünder, dieser automobilen Steckdose für den Selbstversorger. Da könnte was verbessert werden: Man wünscht sich eine Steckerleiste und die extra große Batterie.

So träumt sich der Cabrio-Theoretiker in den Schlummer, während der Praktiker sich draußen der Herausforderung der Minusgrade wacker stellt.

Geschickt behält er die Übersicht über die Verkehrslage und hält außerdem das offene Feuer auf dem Beifahrersitz unter Kontrolle. Mit seinem Schoß beschäftigt sich der wärmende Schoßhund – wohliges Kribbeln, denn nicht Petting, nur der Verkehr mit Tieren im Verkehr gilt als eher unschicklich. Und ob das Gebläse nun bläst oder nicht: die Innenheizung wird reichlich befeuert, mit Flüssigbrennstoffen, und zwar oral.

DAS ALTER DES CABRIOS

Fabrikwarm

Glücklicherweise kühlt die Fabrikwärme schnell aus. Es kann ihr aber mit einer Spraydosensammlung erstaunliche Dauer verliehen werden, jedenfalls geruchsmäßig. Besonders Cockpit-Spray und gestanzte Luftverbesserer, die vom Innenspiegel baumeln, verleihen dem Nicht-mehr-ganz-so-Neuwagen im kritschen ersten Jahr das dynamische Aroma frischester Fertigung. Aber so ganz richtig nach Auto riecht das nicht. Es fehlt – Unternehmer aufgepaßt! – der Airconditioner aus dem Aromaspender, Geruchsrichtung »Neuwagenduft«.

Lachen Sie mich nicht aus! Meine besonders schlechten Witzchen hangeln an den kleinsten Vorsprüngen der steinharten Realität entlang: Eine gehörige, also leckere Dosis einer »Lenkradparfüm« genannten Substanz wird jedenfalls, und dies ist verbürgt, jedem fabrikneuen »Golf«-Lenkrad aufgesprüht. Der Wagen soll nicht nur neu aussehen, sondern auch so riechen.

Und dennoch: der typische Neuwagenduft ist das nicht. Zu den herb männlichen Akkorden des Lenkradparfüms tritt im fabrikwarmen Neuwagen ein typisches Bukett sorgfältig aufeinander abgestimmter Plastik- und Kleberdämpfe, deren betäubende Wirkung der Schnüffler leider schon nach wenigen Wochen des Ausdünstens schmerzlich vermißt. Dann heißt es: Ab ins Fachgeschäft und eine Familien-Spar-Packung »Pattex« besorgen! Auf Plastiktüte bestehen, die brauchen Sie zum Sniffen!

Um kein kostbares Molekül des Neuwagenduftes zu verschwenden, fahren Sie Ihren Neuwagen in der ersten Zeit am besten nur geschlossen – selbst dann, wenn starke Sonneneinstrahlung die Cabrio-eigenen Geruchsquellen zu extrem hoher Sekretion veranlaßt. Nein, Sie bleiben nicht unter Ihrer Käseglocke sitzen, bis Passanten den Krankenwagen rufen. Steigen Sie in regelmäßigen Abständen aus dem Neu-Cabrio und verbringen Sie ein paar Minuten der Entspannung an der freien Luft. Wenn Sie danach dann wieder, und zwar möglichst schnell, in den Wagen springen und die Tür hinter sich schließen, erleben Sie das intensivste Neuwagengefühl: Zum Temperaturschock kommt der Geruchs-Kick mit Flash, eine echte Grenzerfahrung – bis an die Grenzen der Zustände an den Arbeitsplätzen in Wolfsburg oder Rüsselsheim.

Das Unerträglichste am neuen Cabrio ist neben dem Preis folgende Vorstellung, die schnell wahnhafte Züge annehmen kann: Gesetzt den Fall, alle Neuwagenkäufer in der Woche nach unserer noch nicht trockenen Unterschrift, alle die ordern genau denselbem Traumwagen bei ihrer örtlichen Lada-Niederlassung! Sie alle! Besonders Besitzer von Corvetten und Jaguars würden es nicht überleben, daß überall um sie herum – »...und alle in meiner Farbe!« – alle Corvetten und Jaguars fahren. Sie würden es nicht überleben – auch wegen des zu erwartenden Fahrstiles der neuen Mehrheit.

Biblisches Alter – echter Oldie

Es ist richtig, daß alle vernünftigen Argumente gegen den Kauf eines Oldies sprechen. Das gilt für Uralt-Cabrios erst recht. Mit Unvernunft läßt sich allerdings wunderbar Eindruck schinden, denn erst weit auf ihrem Territorium beginnt der wirkliche Luxus, der beneidenswerte »persönliche Stil«.

Mittelalter

Zehn Jahre alt, 69.000 km runter, sechs Wochen TÜV, massig Teile und nichts dran zu machen für vier-neun – aber das ist dann auch Festpreis, also »FP« und keineswegs »VB«. Und dies natürlich auch nur, weil in den letzten vier Monaten nichts gelaufen ist nach den unzähligen Anzeigen, in denen der Verkaufspreis als »VS« bezeichnet worden war.

Ein Glück, daß sich die frisch gebackenen Besitzer solcher Cabrios mit ihren Wagen nie in der Öffentlichkeit zeigen. So günstig wie der Kaufpreis ihnen erschien, so preiswert verspricht auch die Werkstatt zu sein. Und so preiswert scheinen auch andere Kunden sie zu finden. Denn das angeschossene Prachtexemplar steht dort vierzig Tage lang, bevor die dreistündige Reparatur in Angriff genommen wird. Es trainieren ihre Fertigkeiten: Schwarzschrauber aus Polen. Und die Schrammen, an die sich der Cabrio-Besitzer bei Abholung nicht erinnern kann, bleiben als Erinnerung.

»Fehlkauf! Lohnt doch den Aufwand nicht!« rufen die anderen. Doch tut es das, denn wenn der Wagen einmal fit ist, wird er ja so lange gefahren, bis er ein Oldie ist. Ach sooo!

Junge Gebraucht-Cabrios

Nur für litarisch veranlagte Cabrio-Fahrer geeignet. Man muß im Zusammenhang mit derlei Autos seine Geschichten schon arg ausschmücken, um sich interessant zu machen.

SPEEDSTER, ROADSTER ODER CABRIO?

Der **Speedster** kommt völlig ohne Verdeck aus. Für den Freund extremer Klimaten ein ebensolches Muß wie für den Fetischisten, der von jeder Art Spezialausrüstung und Schutzkleidung erregt wird.

Über dem **Roadster** muß die Freiheit wohl grenzenlos sein, außer wenn das Notverdeck aufgespannt wird. Nun sitzen wir in einem Trainingscamp zur Abhärtung gegen Platzangst.

Dem **Cabrio** liegen der letztlich zum Terrorismus führende Existentialismus des Speedsters so fern wie das Bekenntnis zur Wetterfühligkeit des Roadsters. Sein wintertaugliches Verdeck macht es zu einem Wagentyp, an dem auch Erwachsene Gefallen finden können.

Wie unterscheidet man Männer- und Frauen-Cabrios?

Lassen Sie sich den Kfz-Brief zeigen und sehen Sie im Duden nach, ob der bei der Haltereintragung verwendete Vorname weiblich oder männlich ist.

HALT DIE KLAPPE!

WAGEN-TYPEN

KÄFER

Viele dieser liebenswerten und mit ihrem schlaffen Luftkühlungsmotor angenehm bescheidenen Cabrios spenden der Studentin aus gutem Hause im Alter zwischen 35 und 45 Fahrfreude. Keinem anderen Cabrio verzeiht man deutlich sichtbare Rostschäden so großzügig.

BUGGY

Auf der Basis des Käfer-Fahrgestells wurden diese ausgesprochenen Freizeitmobile entwickelt, mit denen nur die Fahrt zwischen den Sandburgen auf Sylt oder in den West-Banks eine reine Freude wird. Weniger erfreuliche Fahrten: TÜV und die Jahreszeit zwischen August und Juni. Schlechtwetterperioden sind aber bekanntlich dazu da, sich unter den Wagen zu legen und bestimmte Hazet-Werkzeuge nicht wiederzufinden – am Wochenende.

KARMANN-GHIA

Zwei Probleme stehen im Vordergrund: Erstens wird die kleinste Reparatur an der gammeligen Karosse dieser fahrenden Kartoffel wegen der riesigen Formteile immer zu einem ebenso kniffligen wie teuren Unterfangen. Zweitens: Wie spricht man »Karmann-Ghia« eigentlich aus?

KÜBELWAGEN

Im Kübelwagen aus massivem Wellblech stellt der militante Surfer zwischen Garage und Baggerloch den Rußlandfeldzug nach. Weiter kann der Freiluftkult nicht gehen: Nachdem die Türen ausgehängt und im Höchstfall durch ein kleines Kettchen ersetzt werden, klappt der Fan auch noch die Frontscheibe weg.

GOLF CABRIO

Die Volkswagen-Werbung preist diesen Bestseller als »Fahrendes Sonnenstudio« an, die gesunde Mehrheit der Bevölkerung spricht vom »Henkelmobil«, weil sie den Überrollbügel in der Mitte des Wagens so herausragend findet wie er herausragt. Ein bißchen Individualität im Golfstrom bringt die offene Version aber allemal, und es muß einen ja nicht stören, daß mit der Einführung des verbesserten Geschlossen-Golfs vom Typ zwei nicht auch ein technisch neues Cabrio vorgestellt wurde. Für die Offen-Gemeinde mußte es reichen, daß dem alten Typ rundum ein paar neue Plastikwülste aufgeklebt wurden. Das Golf Cabrio hat aber dafür den Vorteil, daß einem der Anschaffungspreis noch ein paar Jahreskarten im Fitness- und Ibizia-Bereich ermöglicht. Und ein Zweitgetränk in der Disco, vor der die anderen Golf-Cabrio-Besitzer auch je drei Parkplätze abonniert zu haben scheinen.

MERCEDES SL

Schwer und teuer, mit allem Komfort vollgestopft und daher nicht besonders »spannend«, auch in tiefergelegtem Zustand nicht. Hier kann man zeigen, was man hat, ohne zum Exoten zu werden. Daher gleichermaßen bei Zahnärzten, Zuhältern und allen anderen beliebt, die ihr Geld nicht ehrlich verdienen. Da alles immer funktioniert, sogar Motor, Verdeck und Hardtop, müssen wir den SL eher zu den Autos als zu den Cabrios rechnen. Wenn es sich irgend vermeiden läßt, lassen wir uns keinen SL schenken. So schön wie die SL der 50er Jahre mit ihrer Stromlinienform oder den Flügeltüren sind sie sowieso nicht mehr.

PORSCHE

Dieser Hersteller hat sich lange Jahre besonders cabriofeindlich verhalten, bis dann endlich – und zwar nachträglich! – der 911 Carrera aus dem 911 gemacht wurde. Nun verstehen Sie, warum dieses Fahrzeug so unharmonisch wirkt. Und dann diese albernen Targas! Das Mittelteil des Daches kann man abnehmen und im Kofferraum verstauen. Welchem Kofferraum? Eben...

BMW

Wie eine Kreuzung aus einem von Japanern konstruierten Rolls und einem von auf den jemenitischen Markt schielenden Amis gebauten Peugeot sieht der offene Dreier aus. Aber wenigstens ein echtes Cabrio. Der Draufgänger mit nervösen Fußerkrankungen oszilliert zwischen Vollgas und Vollbremsung und braucht die traumhafte Rundumsicht, weil er ohne die ständige Rotation seines Kopfes die Todesgefahren um ihn herum nicht genau genug abschätzen und noch mehr Verkehrsteilnehmerfamilien verkleinern würde. Und zwar mit hochgekrempelten Ärmeln. Wer mit ständig geschlossenem Verdeck fährt, braucht Blutspritzer im Wageninneren nicht zu befürchten. Jedenfalls nicht solche mit fremdem Rhesusfaktor.

OPEL KADETT

Riesiges Faltschiebedach. Hat die Ente auch. Ist sie deswegen ein Cabrio?

FORD

Ihr Escort Cabrio 1,6 i mag ja aussehen wie ein Kleinstlastwagen, dem man eine geklaute Dachhaut über die Ladefläche gezogen hat, um die ganze Familie unterzubringen. Dafür gefällt Ihren Eltern der Überrollbügel, den sie für den Garanten völliger Unverwundbarkeit halten, wohl unter anderem, weil Ihre Eltern noch nie mit Ihnen unterwegs waren, wenn Sie schon richtig getankt hatten und den lästernden Beifahrern mal zeigen wollten, daß auch ein moderner Ford sagenhaft in der Kurve liegt. Es muß nicht immer ein Traumauto sein.

ALFA ROMEO SPIDER

Unter allen Weltmeisterschaften hat er eine immer wieder gewonnen, die im Rosten. Das gilt vor allem für den 1600er, dieses so jugendlich wirkende Traumauto, das man meist nach fünf Wochen wieder verkauft. Oder doch wenigstens die Batterie, die man sich vor vier Wochen gekauft hatte, weil es angeblich nur an der Batterie hatte liegen können. Der 2000er erfreut das Auge mit zusätzlichem Front- und Heckspoiler. Der Motor stellt immer wieder interessante Denksportaufgaben. Doch auch beim Parken macht dieses Fahrzeug jeden Besitzer 15 Jahre jünger.

TRIUMPF TR 2, 6 UND 7

Vom TR 2, dem geschwungenen Klassiker unter den klassischen Roadstern, wurde in den 70ern der TR 6 abgeleitet, eines der schönsten offenen Autos für den Park-Fanatiker. Denn im Stehen läuft der TR 6 zu seiner Bestform auf, da stört die ständig defekte Einspritzanlage nicht. Und irgendwann mal kam dann der TR 7, obwohl gewöhnlich gut informierte Kreise fest behaupten, die Engländer hätten keine Schlitzaugen.

SPITFIRE

Ebenfalls der Firma Triumph danken wir den billigen und deshalb so sehr verbreiteten Spitfire 1500, diese Mischung aus einem TR 6 und dem Alfa Spider. Mit seinen 72 PS bringt dieser Zweisitzer eine beachtliche Beschleunigung. Prima, jawohl, genehmigt: Das nenne ich Offenfahren um der Sache willen. Dumme Leute trifft man selten im Spitfire.

FIAT 859 SPORT SPIDER

Dieses Kraftfahrzeug erinnert an eine Zigarre, auf die versehentlich jemand getreten ist, und zwar zweimal. Sieht irgendwie exotisch aus dieser sogenannte »Neckermann-Ferrari«. Aber: Sofort weiterverschenken an Freunde, die einem Schallplatten immer mit zusätzlichen Kratzern zurückgeben.

FIAT X 1/9

Was soll das denn bitte? Die Karosserieschneider von Bertone haben mal wieder hingelangt, und die Änderungsschneiderei an der Ecke lehnt den Auftrag ab. Also werden wir sardinendosig eng sitzen müssen in diesem keilförmigen Targa mit Mittelmotor. Das wollten vor uns auch nur wenige. Der Wagen war und ist ein Flop.

FIAT RITMO CABRIO

Eigentlich sollte der Wagen ja »Fiat Golf« heißen. Aber dann war der Handelsname »Golf« leider schon geschützt. Naja, vielleicht reicht es ja, wenn der offene Ritmo so aussieht wie ein Golf Cabrio.

PEUGEOT 504 CABRIO
Suchen Sie sich eine neue Wohnung: Gleich neben einer Werkstatt, die wiederum neben einem Blechgroßhandel liegen sollte. Die Karosserie des guten alten 504 rostet schneller als man Blech kaufen kann. Aber Sie werden entschädigt, wenn Sie sich in diesem netten Viersitzer lümmeln und die hervorragend unverstellte Sicht genießen, was besonders auf der Hebebühne einen unvergleichlichen Panoramablick in der Werkstatthalle garantiert.

PEUGEOT 205 CJ
Ganz neu und ganz billig. Das Einsteigermodell.

TALBOT SAMBA CABRIO
Nicht anders als Ford oder Golf. Aber der Name klingt viel, viel schöner.

CHEVROLET CORVETTE
Der Kraftwagen für die kräftigen Jungs aus dem Gastronomiebereich und all die unverheirateten Abteilungsleiter, die sich immer schon mal einen Jugendtraum erfüllen wollten, aber zu unmännlich für den Zuhälterberuf sind. Leider werden die Motoren immer kleiner (heute 5,8 statt der 7,5 Liter während der 70er Jahre) und die Formen immer weniger barock. Was einst wie das primäre Geschlechtsmerkmal des männlichen Wildschweins aussah, erinnert heute nur noch im Klang an Suhle und Unterholz. Kurz: Ich spar' auf den 427 in schwarz.

ALTE US-STRASSENKREUZER
Mit dem Menschen eng verwandt ist die scheue und unerforschte Spezies, die sich für die Schlachtschiffe der Befreier hingeben. Meist entstammen ihre Schätze den 60er Jahren, und es gibt keine Teile mehr. Aber geht ja auch nichts kaputt. Das Tuckern, die stundenlange Suche nach dem Parkplatz, die Garage, deren Format das der eigenen Wohnung deutlich übertrifft: Wir haben es mit Fundamentalisten zu tun, die ohne Südstaatenflagge oder durchgehende Sitzbank nicht weiterleben möchten, obwohl sie doch in so interessanten Berufen wie Film, Fernsehen, Rock oder Bauhelfer das viele Geld verdienen, das der V8-Motor versäuft.

NEUE AMIS
Heute, da selbst der traditionsreiche Ford Mustang aussieht wie eine mercedisierte Schuhschachtel (Größe 38) mit langweiligen Zierleisten und mit anderen offenen US-Fahrzeugen wie dem Dodge 600 Convertible, diesem besten Beispiel für Lego-Design, um die Wette fährt, heute will man wirklich kein Ami-Cabrio mehr, auch nicht den bei uns relativ erfolgreichen Chrysler Le Baron. Gerade noch einen Buick vielleicht, der mit über fünf Metern Länge wenigstens **eine** Qualität besitzt.

ROLLS-ROYCE CORNICHE
Das Cabrio für den eisernen Sparer. Denn wer sonst könnte für gediegene Verarbeitung 250.000 DM auf den Tisch blättern? Schade, daß Rolls bei uns, ganz anders als in England oder sogar den USA, ein unseriöses Image hat. Statt des Bankdirektors sind bei uns überwiegend zwielichtige Gestalten im Corniche unterwegs – Spekulanten, Hasardeure, Erben, Kriegsgewinnler –, die selbst bei Standlicht noch glamourös funkeln möchten.

JAGUAR XJ-SC 3.6
Die springende Raubkatze gibt es auch mit offenem Dachteil und einer prima freien Sicht hinten raus. Und was sehen wir da? Die Inneneinrichtung der Werkstatt. Der alte Witz ist nämlich wirklich zutreffend: Man braucht drei solcher Jaguars, einen zum Fahren, einen für die Werkstatt und einen in Reserve. Alle drei wechseln sich ab.

ALTE ENGLÄNDER
Mehr als anderen Cabrios hängt einem offenen Engländer aus den 60ern etwas von einer eigenen Persönlichkeit an, ein Profil, das sich auch auf den Fahrer überträgt, ohne je ins Klotzige, Gewollte und Peinliche abzugleiten. Verständlich, daß Fans ihren MGs, TRs, Austin Healeys oder Aston Martins die Treue halten. Diesen Modellen fehlt das Repräsentative des Hauses Mercedes-Benz, der barocke Pomp der Ami-Schlitten und der Machismo des Spaghetti-Cabrios.

...UND DEREN NACHBAUTEN
Auf der Insel bauen sie erstaunlich viele erstaunlich kompromißlose Cabrios. Das mag am typisch englischen Faible für die Unvernunft als solche liegen. Und reichlich Nostalgie ist auch im Spiel, wenn wir uns die reiche Auswahl an

offenen Wagen ansehen, die teilweise mit Originalwerkzeugen nach alten Plänen gebaut oder wenigstens äußerlich auf alt gequält sind. Für schlappe 130.000 DM kann man sich den **A.C. MK. IV** kaufen, einen überzeugenden Nachbau der legendären und inzwischen unbezahlbaren »Cobra«. Die Firma **Morgan** bietet eine ganze Reihe klassisch geschwungener Roadster ohne Kompromisse und **Panther** liefert eine kitschig stilisierte Version des Morgan-Designs, seifenkistig und verzinkt, allerdings mit modernster Technik unter der Haube.

FERRARI MONDIAL QUATTROVALVOLE

Dieses Traumcabrio für Freunde des Autoquartetts könnte man für eine aufgemotzte Corvette halten. Wer's mag. Aber hätte es ein Datsun 300 ZX nicht auch schon getan? Der sieht fast genauso langweilig aus und kostet deutlich weniger.

CITROËN VISA PEIN AIR

Zu öffnen wie eine Sardinendose, dieser aber überlegen, weil erstens mehr Sardinen in einen Visa passen und man zweitens die Verpackung auch wieder schließen kann. Einzige Sardinendose, die Öl verliert, ohne gegen das Lebensmittelrecht der EG zu verstoßen.

CITROËN ENTE

Die billigste Art, halboffen zu fahren. Zur psychiatrischen Unterstützung des Frischluft-Sommer-Freiheit-Gefühls hat die Herstellerfirma statt Autositzen Gartenstühle eingebaut.

JAPANER

Der Toyota Celica darf für sich reklamieren, zu den spießigsten Formen des Offenfahrzeugs zu gehören. Mazdas RX 7 hingegen will besonders avantgardistisch wirken. Mögen sie innen noch so schön sein, die äußere Anmutung ist Zumutung. Ein Glück, daß der Besitzer eines japanischen Cabrios im Wagen sitzt und sich selbst von außen nicht betrachten muß.

UMGEBAUTE

Für den Freund der Auf- und Maßschneiderei bieten allerlei Tuning-Experten das Cabrio-Paket an und machen aus einem völlig verschnarchten Grundtyp ein ziemlich verschnarchtes Cabrio. Unters Messer kommen: Audi Quattro, Mercedes Coupé, Porsche 928 S, diverse BMW, Opel Senator, Monza, Ascona, der Käfer, Austin Mini, Honda Prelude, Mitsubishi Sapporo, Toyota Celica und andere mehr. Und am Ende stehen Lösungen vor uns, die so exotisch sind wie die Pläne, die vor dem Einsatz der GSG9 in Mogadischu besprochen worden sind: also z.B. ein festes Dachteil, das nach hinten weggeschoben wird und im Kofferraumbereich verschwindet oder ein Paar nach vorne hochklappbarer Flügeltüren (Isdera-Spyder 033 i, ein umgebauter Golf GTI).

STECKBRIEFE TYPISCHER CABRIO-FAHRER

Playboy

Entgegen der verbreiteten Volksmeinung ist der wahre Playboy keineswegs verschwenderisch, sondern eher bescheiden. Obwohl er sich fünf Autos leisten könnte, besitzt er nur drei. Auch hält er niemals zwei Autos für denselben Zweck, selbst wenn er sieben Cabrios besitzen sollte. Andere hygienisch empfindende Menschen wechseln dafür täglich die Unterwäsche.

Luxus, dieser für die Eliten natürlichste Zustand menschlichen Seins, bestimmt sein Leben im Cabrio. Er fühlt sich erst richtig wohl ab zwei Beifahrerinnen, 29 Litern Super pro 100 km, also 58 Litern pro Stunde – könnte aber einen so komplizierten Rechenweg nicht mal in Schlangenlinien nachfahren.

Rentner

Immer adrett rauscht der Gentleman-Fahrer von einer Gelegenheit ritterlich zu sein zu nächsten. Den Inhalt seiner Nase ißt er schon längst nicht mehr, aber auch Papiertaschentücher lehnt er ab – es muß schon Stoff sein, mit aufgesticktem Monogramm. Man sieht ihn nur ohne Einstecktuch, wenn man ihm das Taschentuch zu Haus einzustecken vergessen hatte. Besitzt er kein Einstecktuch, so unterscheidet sich nach wenigen Kilometern die Färbung seiner Ärmel.

Familienkutscher

Ein Cabrio schränkt die Gültigkeit des Ehevertrages auf die unbereiften Momente des Zusammensein ein. Der Geschmack von Freiheit und Abenteuer wird diesem Cabrio-Fahrer mit dem Fahrtwind ins Gesicht geblasen. Einerseits hat er keine Kinder, dafür aber Morbus Parkinson. Andererseits sind diese Kinder begeistert: Keiner in der Klasse hat einen so aufregenden Vati, und keiner kann so oft schulfrei nehmen, um die auf dem Schulweg eingefangenen Erkältungskrankheiten vor dem Fernseher auszukurieren. Deshalb bestehen Kinder immer auf Offen-Fahrt.

Die Gattin schimpft und läßt sich auch durch das Versprechen auf vier intime Spazierfahrten nicht beruhigen. Ein Glück, man fährt ja auch lieber allein in dem Wagen, den man nach außen hin zum Erstwagen erklärt. Wenn man überhaupt das Cabrio benutzt, wir müssen schließlich sparen, und das Wetter ist wiedermal rostträchtig...

Der Familienvater ist also Umweltschützer: Er benutzt öffentlichen Nahverkehrsmittel, um nicht zu oft im Auto seiner Frau gesehen zu werden. Sein Cabrio macht aber immer einen gerade nach Gebrauch abgestellten Eindruck. So wie er selbst.

Prominente

Selbstverständlich haben Sie als Steuerzahler oder -hinterzieher das Recht, den Wagen zu verfolgen und den Prominenten zu stellen, um Ihre Autogrammsammlung zu vervollständigen. Bei geselligen Abenden im Bekanntenkreis oder auf Vernissagen zählen die Geschichten zu den interessantesten, die von Unfällen unter Prominenteneinbeziehung erzählen. Sagen Sie aber nur Ihren allerbesten Freunden, daß der Crash mit Rudi Carrell Absicht war. Nein, nicht Rudis Absicht. Aber wer könnte auch widerstehen, wenn sich die

Gelegenheit bietet, das Gaspedal zum Bodenblech durchzutreten und Rudi Carrell seitlich in seinen Wagen zu fahren, um damit das Ausstrahlungsverhalten der ARD möglichst positiv zu beeinflussen?

Yuppie

Bedenken wir bitte, daß der Yuppie im Gegensatz zu uns Versagern keine Freizeit im Übermaß besitzt. Ihm fehlen jene 30 – 400 Minuten, in denen wir neuen Bekanntschaften erklären können, daß sie sich vom ersten Eindruck nicht täuschen lassen dürfen, der zwar ein schäbiger sein mag, aber dahinter steckt folgende spannende Wahrheit... – und so fort. Der Yuppie braucht ein Cabrio, will er seinen überlegenen Genen Fortpflanzung sichern – und das will er –, denn der Aufwand für die Balz muß auf ein Minimum beschränkt werden. Seine Erklärungen sind zeitsparend und damit auch zuhörerschonend: »Dieser Wagen da, ja genau der, der gehört mir!« bringt er heraus, und dann noch: »Wollen wir damit zu mir oder zu dir fahren?«

Der Laie vermutet, daß das Cabrio dem Yuppie zu klein sein muß, legt er doch Wert auf besonders lange und sperrige, wenn auch keinesfalls schwere, gern aber dafür nicht stubenreine Freundinnen in einer Menge, die der Mathematiker als größer gleich zwei, der Normalsterbliche als Harem bezeichnen würde. Falsch. Ganz unlogisch gedacht. Das Cabrio kann dem Gottähnlichen gar nicht klein genug sein! Nichts genießt er mehr als die in allen Gelenken abgeknickte zweite Beifahrerin, die sich im zwei Nummern zu engen Mini – oder ist das nur ein Gürtel mit nichts drunter? – auf dem Notsitz herumquetscht. Außerdem weiß er aus Erfahrung, daß das Mädchen auf dem bequemen Beifahrersitz so geschmeichelt ist, daß sie auch die einschlägigeren Wünsche des späteren Abends nicht abschlägig bescheiden wird. Auch wenn sie sich mit Handschellen noch nicht so gut auskennt.

Sammler

Wir wissen es schon längst: Barmherzigkeit ist es, die einen in den Ruin treibt. Die einen retten herrenlose Hunde und Katzen vor den Widrigkeiten der Ellenbogengesellschaft. Der Cabrio-Sammler will automobile Denkmäler erhalten. Der Vorrottung hat er Selbstlosigkeit entgegenzusetzen: das Selberbesitzen.

Eigentum verpflichtet, und diese Verpflichtungen sind teuer, wie man an den eigenen Kindern fast so gut ablesen kann wie am eigenen Cabrio – nur daß der offene Wagen einem bei all dem vergeudeten Geld doch wenigstens noch Freude macht. Zudem darf man selbst in Sektlaune die eigenen Kinder – leider – weder mit Benzin übergießen und anzünden, noch in der Presse zu Würfeln umformen lassen. Will man ja auch nicht! Aber wenigstens das Gefühl möchte man haben, daß man es dürfte...

Niemand ist so vehement gegen Abtreibung, Sterbehilfe oder Euthanasie. Nein, wir reparieren noch mal! Auch Omi. Und zwar am liebsten mit Originalersatzteilen, für deren Beschaffung dem Sammler kein gedungener Mörder zu teuer ist.

Bastler

Dieser, häufig stadtbekannte, Sonderling fummelt unablässig in den Eingeweiden seiner großen Liebe herum. Am ganzen Körper glänzt er feucht vom köstliche Saft, den sie dabei absondert. Und doch muß er lernen, daß seine mit allen Spezialwerkzeugen bestückte Werkstatt eben nicht die Zeitmaschine ist, die man mit eigener Zeit betankt, um dann den Wagen möglichst weit zurück in vergangene Zustände zu katapultieren, im Laufe schweißtreibender Jahre möglichst nahe an den Geburtstag des geliebten Autos.

»Park deinen Wagen einfach woanders!«, möchte man dem Bastler zurufen, hat aber leider den genauen Standort des nächstgelegenen Jungborns oder Grals nicht zur Hand. So muß denn die Unsterblichkeit, wie sie den großen Gestalten der Weltliteratur von König Lear bis Gitte Kaa vergönnt ist, ein unerfüllbarer Traum bleiben, und es ist nicht der Stein der Weisen, auf dem der Bastler rücklings mehr Zeit verbringt als im eigenen Bett, sondern das von Ölspuren versaute Pflaster der Garageneinfahrt.

Besonders gern nimmt sich der Bastler der Cabrios mit Kunststoffkarosserie an. Aber ein bißchen ärgert es ihn schon, wenn er feststellen muß, daß unter dem glänzenden Lack ursprünglich noch ein Blech vorgesehen und -handen war. Jetzt ist es verrostet, an einigen Stellen findet sich noch brauner Staub als Indizienbeweis. Kann man Blechteile unter den Lack montieren, ohne daß es Lackschäden gibt? Nein. Aber wenigstens versuchen kann man es...

Schließlich findet sich doch noch ein Austauschmotor. Alten raus, neuen rein, funktioniert – gut neun Kilometer weit. AT-Motor raus, ganz zerlegen. Geld wird knapp. Kredit reicht gerade noch für eine dicke Plastikplane, die übers Auto gelegt wird. Ersatzteile werden in Plastiktüten gelagert. Monatskarte des Nahverkehrsnetzes. Wieder mal.

In der Zwischenzeit nimmt sich der Bastler die Reparaturen an ebenfalls exotischen Cabrios vor, die er seinen Freunden versprochen hat. Und so spricht er zu sich selbst: »Soll ich nie wieder ans Telefon gehen, weil ich ja doch nicht nein sagen kann? Soll ich erst Sabine ihr Regal andübeln, oder ist Lillys offener BMW entwicklungs- und weltgeschichtlich wichtiger? Und dann dieser mysteriöse Schuhkarton: Werners Triumph Spitfire oder meine Bauknecht Waschmaschine?«

Vor der Erfindung des Cabrios hat dieser Menschenschlag mit Begeisterung Steine einen Berg hochgerollt, bis zur Spitze, immer wieder.

Hobby-Händler

Wo das Stammkapital nicht ganz reicht, um durch feindselige Übernahmen Unternehmen wie MBB, Nabisco, die Pommesbude an der Ecke oder Sony zu kaufen, entscheidet man sich, »in Cabrio« zu »machen«, oder – und das klingt noch professioneller – »in Cabrio zu gehen«. Und das geht so: Cabrio möglichst teuer kaufen, besonders teuer reparieren, bißchen rumfahren (auch teuer genug), – um schließlich die Kiste zu verkaufen. Und zwar fürs Doppelte – wenn das reicht.

Doch, doch, das funktioniert. Schließlich sind wir Hobby-Händler ja nicht dumm, und wenn selbst **wir** beim Kauf auf den pathologischen Lügner reingefallen waren, dessen marodes Fahrzeug wir nun endlich wieder abstoßen wollen... – Jeden Tag steht ein Dummer auf, an guten Tagen sogar mehrere.

Ist doch nur gerecht. Wenn die Opfer des Hobby-Händlers schon Lehrgeld zahlen müssen, und jeder muß im Leben mal Lehrgeld zahlen, wir ja auch, siehe oben, – nun, dann doch besser nicht an hauptberufliche Betrügerbanden, sondern lieber an harmlose Mitbürger, am liebsten an uns.

Der Hobby-Händler kann stundenlang Geschichten erzählen. Wie er wen über welchen Löffel barbiert hat. Har har har. Er sagt nie, wieviele Autos er besitzt. Evtl. fünf, aber eher doch null. Und weniger, denn man kann auch Autos schulden.

Die alleinstehende, junge Frau

Wer nimmt schon eine Frau, die einen schärferen Wagen hat als man selbst? »Schaff endlich dein Cabrio ab, Gitte, du bist jetzt schon lange genug alleinerziehende Mutter! Ein Panda paßt auch viel besser zu dir, Gitte.« Und Eduard gibt ein paar Mark dazu.

Nun mag eingewendet werden, daß sich manche Frauen ihr Auto nicht unter dem Gesichtspunkt aussuchen, was zukünftigen Kandidaten gefallen könnte. Oder daß sie sich ohnehin nur mit Männchen paaren, die einen noch tolleren Wagen als das Käfer-Cabrio des Weibchens mit ins Nest bringen. Gibt es alles. Aber mal ehrlich: Hat das noch irgendwas mit der menschlichen Urnatur zu tun?

Boutiquebesitzerin

Sie versteht manches nicht: Warum ihr Mann immer »Gitt-äh-Birgit« zu ihr sagt, wo sie doch Birgit heißt, warum er nie Zeit hat und sich immer so stark an den schwer zugänglichen Stellen des Rückens gekratzt hat, daß blutige Spuren bleiben. Aber ihre wichtigste Frage in Zusammenhang mit dem Cabrio heißt doch seit Jahren: Warum nimmt Jil Sander kein Motoröl ins Programm? Parfümierten Diesel gibt es ja schon – ein erster vernünftiger Ansatz der Treibstofforschung, dem hoffentlich bald Diät-Diesel von »Du darfst!« folgen wird.

Gattin

Ein Cabrio wirkt immer unabhängiger als jeder geschlossene Wagen, der ja naturgemäß Zweitwagen wäre bzw. ist. Die Forderung nach einem Cabrio nach Wahl rangiert daher noch vor der Forderung nach dem aktiven Wahlrecht.

Berufsfreundin

Ihr Gönner würde sich immer als »Freund« bezeichnen und könnte sich nicht vorstellen, die Dienste einer Professionellen in Anspruch zu nehmen. Daher hilft er der Berufsfreundin aus allen lebensentscheidenden Notlagen, indem er ihre gesamte Unterwäsche aussucht und ihr ein Cabrio »zur Verfügung stellt« – nur bis sie sich selbst einen Wagen leisten kann natürlich. Tut ihm nicht weh, er hat den offenen Flitzer sowieso, bzw. gerade einen kaufen wollen, und es tut ihm immer leid, wenn er daran denkt, daß der Wagen so selten benutzt wird, bzw. hätte benutzt werden können.

In den Lehrjahren hat sie sich über diese kleinen, aber luxuriös wirkenden Anerkennungen gefreut und sie gern zur Schau gestellt. In einigen Mußeminuten fand sie ihren Gönner sogar ganz süß und eigentlich gar nicht sooo bemitleidenswert. Seit dem Abschieds- und also Gesellenbrief sieht sie die Sache anders: Der nächste, das schwört sie sich und allen gleichaltrigen Freundinnen in derselben Position, der nächste, dessen Cabrio sie fährt, muß ihr auf jeden Fall den Fahrzeugbrief übergeben, auch wenn die beiden das am Tag der Übergabe als »aufbewahren« bezeichnen.

Halbweltler

Das Schöne an Film und Fernsehen ist doch – vor allem für den Mann –, daß außer von Schußwaffen auch reichlich Gebrauch gemacht wird von Oberweiten und Cabrios. Und diese offenen Autos ohne ersichtliche PS-Begrenzung befinden sich meist mitten in einer Verfolgungsjagd durch landschaftlich interessante Weltgegenden und bekommt dabei dekorative Spuren ab.

Wer nicht das Glück hat, nach seiner hiesigen Karriere in eines der Länder Südamerikas ausgewandert zu sein, in dem ein Cabrio die repräsentativen Einschußlöcher auf natürlichem Wege erhält, der kann dem Zufall ja auch nachhelfen: Irgendein Bekannter besitzt bestimmt ein Gewehr und sogar einen Jagdschein, und zwar nicht nur im übertragenen Sinne.

Man fährt raus zu Steinbruch oder Kiesgrube, in den Wald oder aufs freie Feld. Alle aussteigen. Aus gehörigem Sicherheitsabstand auf das Fahrzeug feuern, dabei aber Scheiben, Tank, Reifen, Motorblock, Beleuchtungselemente, Armaturenbrett verfehlen. Bei aufgesetzten Schüssen Gefahr der Rück- und Querschläger! Nicht selten gelingt ein Meisterschuß, bei dem die Kugel nicht nur aufs dekorativste das Blech der Tür durchschlägt, sondern auch noch einen gut sichtbaren Schußkanal durch die Posterung anlegt, um schließlich direkt vor den Beifahrersitz zu fallen, wo sie eigentlich noch liegen müßte. »Da liegt sie ja! So ein Zufall. Der Schuß, ja der war so ungefähr vor – und ich will nicht lügen – viereinhalb Monaten«... – die Beifahrerin ist beeindruckt und darf das Projektil als Andenken behalten.

In ihrer vielen Freizeit beschäftigen sich Halbweltler gern mit ihren Cabrios. Es gibt immer noch eine kleine Veränderung, die man am Einspritzer vornehmen lassen oder der Karosserie aufkleben könnte. Ständig verkaufen sich Halbweltler gegenseitig und bundesweit ihre Corvetten, Jaguar E, AMG-Mercedes SL oder Alt-Amis, die nach jedem Besitzerwechsel teuer und deshalb fingerdick überlackiert werden. Nur wenige achten dabei auf die Grenzen des zulässigen Gesamtgewichtes.

Sportskanone

Noch vor 50 Jahren hätte niemand geahnt, daß auf die Frage nach seinem Beruf einmal jemand anworten würde: Ping-Pong-Profi. Aber die Schöpfung war nicht an jenem legendären Samstag vorbei, sie geht weiter. Eines ihrer momentanen Spitzenprodukte ist die Sportskanone – eine Person, die von dem zwanghaften Drang befallen ist, aus jeder Luft »frische Luft« zu machen, also auch bei Smogstufe III nicht auf die erfrischende Fahrt zum oder vom Training zu verzichten. Und vom Training kommen sie immer, wenn sie nicht gerade zum Training fahren.

Die Luft in der Umkleidekabine im Dunst dieses »Trainings« ist immer irgendwie frisch, weil natürliche Gerüche »frisch« sind, und natürlich sind die Gerüche hier in höchstem Maße natürlich. Übrigens auch die abgestandenen, denn alles unterliegt in der Natur auch einem natürlichen Alterungs- und Abbauprozeß, das Laub im Herbst schneller, Plutonium etwas langsamer.

Midlife-Krisenfälle

Jedenfalls darf die junge Frau am Straßenrand einsteigen, wenn sie will – aus Dank für ihre überwältigende Figur und dafür, daß sie einem auf Anfrage die Zeit gesagt hatte. »Wo soll's denn hingehen, Süße? – Ach so. – Warum sollte ich Sie nicht dorthinfahren? Sie brauchen sich nicht zu genieren, ich fahre ohnehin gerade – nur so rum. – Ja, das mache ich öfter. Ich kann eben nicht ohne ... – meinetwegen, wenn Sie das Lebensart nennen wollen – man lebt nur einmal, ich muß raus und genießen! – Nein, meine Frau konnte das nie verstehen...«

Wenn nun die Schulfreundin seiner Tochter nicht die Stoßrichtung versteht, dann wird er deutlicher: »Der wirkliche Genuß setzt eben gediegene Technik voraus.« So zweideutig kann nur ein erfahrener Mann sprechen. So eindeutig falsch verstehen können einen allerdings auch – noch so eine der unveränderlichen Tragödien des Universums – nur die Schulfreundinnen der eigenen Tochter.

»Wenigstens hat sie nicht bemerkt, daß man sich die Haare gefärbt hat, um die schönsten Jahre nicht zu verschlafen.« Ich bin wirklich nicht für Haustiere. Aber ich streiche dir über den Kopf, du tröstenswerter, einsamer Wolf, Jahrgang '43.

Heger und Pfleger

Hätte dieser Menschentyp schon vor sagen wir mal 300 Millionen Jahren Geld und Einfluß gehabt, so hätten die Saurier niemals aussterben müssen. Und doch wären die Heger und Pfleger mit ihrem Erfolg nicht ganz glücklich geworden, wären die Saurier doch sicher als Zug- oder Milchtiere für die unnatürlichen Belange des Menschen mißbraucht worden.

Unter Hegern und Pfegern ist man sich zwar stillschweigend einig, daß Cabrio-**Fahren** den Charakter einer unstatthaften Zweckentfremdung besitzt, erzählt sich aber trotzdem und sogar mit großer Begeisterung launige Geschichten, deren Unwahrscheinlichkeit keine Grenzen gesetzt sind, z. B.: »Wie ich beim Parken neulich mit den Vorderrädern einen Bordstein hochgefahren bin.«

Zur Entspannung setzt sich der Heger in das immer frisch gewaschene, gewachste und von Fingerabdrücken sorgfältig befreite Fahrzeug und macht richtig einen los. Er legt die Hände ans Lenkrad und wartet auf den Beginn der eingelegten Kassette: »Die 10 schönsten Rallyes in Monte Carlo.« Es röhren an der Tribüne vorbei Sterling Moss, Jacky X, Nicki Lauda und mehrere andere, deren Namen ich vergessen habe.

Einen Gutteil seines Lebens verbringt dieser Cabrio-Fahrer-Typus in Untersuchungshaft, weil ihn Nachbarn anzeigen: Er trägt immer Handschuhe, zählt also zum harten Kern der RAF – vielleicht sogar zur Kommandoebene.

Geisterfahrer

Trotz des Zuzugs hervorragend ausgebildeter Fachkräfte aus dem befreundeten Ausland konnte diese Planstelle bisher noch nicht besetzt werden.

BEIFAHRER

Abrichten der Beifahrer

Der Cabrio-Fahrer muß seinen Beifahrer erst durch eine harte Schule schicken, bis diesem in Fleisch und Blut übergegangen ist, daß er nicht beißen, Glut verlieren, sabbern, Pommesfrites verstreuen, »Ritter-Sport« verkrümeln oder in Kurven das Mageninnere ins Fahrzeuginnere umfüllen darf. Abschließbare Sicherheitsgurte oder ersatzweise Zwangsjacken können als flankierende Maßnahmen im Vorfeld käuflich erworben werden.

Selbstverständlich müssen Sie vor dem Zulassen eines Beifahrers die Sauberkeit der Hände kontrollieren und ggf. das Paar Aids-Schutzhandschuhe aus ihrem Erste-Hilfe-Koffer opfern. Das sind Sie Ihrem Polster schuldig! Fingerringe, Uhren und ähnliche Gegenstände sind gegen Quittung einzuziehen und im Kofferraum mitzuführen, da sonst Lack- bzw. Chromteile verkratzt werden könnten – spätestens beim Heraushängen des Armes oder beim Mittrommeln des stumpfen Taktes der Acid-House-Musik. Über die regelmäßig nur scheinbar sauberen Schuhe der Beifahrer ziehen Sie die im Supermarkt erhältlichen Tragetaschen aus Kunststoff (mit Tesa oder Gummiband zu befestigen).

Größte Vorsicht, aber auch größte Bereitschaft zur Ausnahme ist angezeigt bei allen Sekretionen, die mit der Erhaltung der Art in Zusammenhang stehen. Maßnahmen siehe unten.

Vorgeführte

Kaum hat sich der Cabrio-Fahrer erweichen lassen, kaum hat er die flehentlichen Blicke erhört und aus der unübersehbaren Schar der Finalistinnen eine einfache Person zur Beifahrerin erhoben, schon beginnen die Schwierigkeiten. Eben noch war es eine Ehre, den Cabrio-Fahrer begleiten zu dürfen, nun soll es für ihn eine Ehre sein, begleitet zu werden. Plötzlich will sich die mitgenommene Figur nicht einmal mehr dekorativ ausstaffieren lassen. Und daß sie weder Strumphhalter trägt, noch je tragen würde, hätte sie auch schon sagen können, bevor der Cabrio-Fahrer den Tisch hatte reservieren lassen.

CABRIO'S HOMMAGE!

Peinliche

Welche Strecke wählen Sie immer, wenn Sie nachts mit mindestens zwei Promille heim zur Garage fahren? Und genau diese gottverlassene Strecke, über deren gesamten Verlauf sich Schutzpolizisten selbst zum gelegentlichsten Patroullieren zu schade sind, diesen Schleichweg rollen Sie entlang, wenn Sie einen peinlichen Beifahrer mitführen. Natürlich mit Sonnenbrille, Hut und hochgeschlagenem Kragen. Sie fahren geschlossen: Wer sagt, daß sich ein Verdeck nicht verklemmt haben kann nach so einem Sandsturm im Sahelgürtel?

Tips für angehende BeifahrerInnen

Wenn Sie zu einem gern gesehenen und oft eingeladenen Beifahrer werden wollen, so reicht es nicht, Landkarten lesen und mit dem Kompaß das Ziel der Camel-Expedition finden zu können. Es muß Ihnen erstmal gelingen, ein »gewisses Interesse« für dieses ganz spezielle Fahrzeug zu heucheln. Sollte es ein Golf Cabrio sein, so konzentrieren Sie sich sofort auf sein individuellstes und interessantestes Merkmal, das Nummernschild. Als Berliner vermeiden Sie aber die Frage: »Dieses B hier, für welche Stadt steht das eigentlich?« Ihre Anbiederung würde in mindestens 40 % der Fälle durchschaut.

Mit geheuchelten Notfällen machen Sie sich nur dann beliebt, wenn Sie so gut aussehen, daß Sie auch mit allen anderen Methoden durchgekommen wären.

Und nun ein ganz einfacher, aber viel zu wenig bekannter Trick für Leute, die unbedingt mal mitgenommen werden wollen: Geben Sie sich einen Stoß und fragen Sie, frisch von der Leber weg!

Steffi Graf: »Kannst du mich zum Tennisplatz bringen?« – gutaussehender Fahrer mit Sonnenbrille gibt Vollgas und flieht. Besser macht es Dolly Dollar: »Wohin fährst du? Das trifft sich gut, da fahr ich mit.« Und nun zum Dritten endlich filmreif: Er oder sie: »Wo wollen Sie hin?« – Der oder die andere: »Dahin, wo Sie auch gerade hin wollen.« Letzte Steigerung: »Da bin ich mir nicht sicher, ob zu dir oder zu mir.«

CABRIO-PFLICHT UND CABRIO-VERBOT – FÜR WEN?

Cabrio-Pflicht

Der Prominente besitzt eine dauernde Pflicht, sich offen dem Volk zu stellen, das er mit seinen Auftritten und Produkten beglückt. Dies kommt auch den Konsumenten entgegen, die ihre faulen Eiern oder Tomaten sinnvoll entsorgen wollen oder auf die Frage nach ihrem Hobby wie aus der Pistole geschossen antworten: Attentate.

Besonders Rädels- und Meinungsführer, aber auch Lokalmatadoren haben sich in der letzten Zeit gegen die Pflicht zur Offenfahrt eingesetzt. Sind sie damit nicht ein ganzes Stück unglaubwürdig geworden? Wer würde an einen Jesus glauben, der sich am Tag vor der versprochenen Kreuzigung in die Schweiz abgesetzt hätte, nur weil er sich angeblich nach so vielen Wundern einen Erholungsurlaub redlich verdient hat? Cabrio-Fahrer kneifen nicht. »Herr Ober! Bitte zwölf mal Pizza Margharita für mich und meine Jünger.«

Cabrio-Verbot

Nun wollen wir zweifellos und aus gutem Grund an die eine oder andere Person nicht erinnert werden, die wir alle kennen. Kabinettsmitglieder sind in geschlossenen Fahrzeugarten besser aufgehoben als im Cabrio, wobei ich besonders attentatsicher und auch persönlich angemessen fände: die Unterbringung im Innern von Betonmischern (voller Beton, gern auch ausgehärtet) oder im Panzerwagen eines eingeführten Geldtransportunternehmens (auch zur Sicherung der eben von Wirtschaftsführern zugesteckten Anerkennungspauschalen), vor allem, wenn diese luftdicht sind und sich nicht entriegeln lassen.

Zählt Michael Schanze zu den Fällen, die ihren Attentätern besonders offensichtlich auf dem Präsentierteller präsentiert werden müssen? Nein. Sicher: Deutschlands Straßen sind gesäumt von wackeren Mitbürgern, die nur auf ihre Chance warten, im Namen der Fernsehnation den finalen Rettungsschuß als geschmackspolizeiliche Maßnahme abzufeuern. Aber wie gefährlich für unbeteiligte Passanten könnten die werden, wenn diesen

Heckenschützen dann, kaum daß Schanze ihnen offen ins Fadenkreuz fährt, körperlich schlecht wird? Und selbst Michael Schanze würde Lunte riechen, wenn jedesmal zum Schutz der Bevölkerung ganze Stadtteile evakuiert würden, nur weil er im Cabrio zum Sender fährt – um uns von dort aus auf eben diesen zu gehen.

Kompromiß

Bis zur endgültigen Entscheidung und deren Überprüfung durch den Fünften Senat des Bundesverfassungsgerichtes können alle Streitfälle auf Datenschutzmaßnahmen bestehen und eine Genschman-Maske tragen.

WIR UNTER UNS

Die Bruderschaft

Mir san mir – und zwar die verbindliche Höchst- und damit Doppelrahmstufe des Automobilismus. Wenn wir noch etwas sind, dann unheimlich offen, während die Geschlossen-Fahrer... – na, die fahren halt zu, und da ist das Wort schon Programm: »zu«! Nein danke!

Aber nur keine voreilige Verbrüderung! Mögen die internen Bande noch so fest geschmiedet sein, wenn es gegen den gemeinsamen Gegner geht, gegen die Zu-Fahrer, die uns unsere Straßen verstopfen und unseren Fahrtwind mit ihren Abgasen belasten: Untereinander bestehen Cabrio-Fahrer auf sorgfältigsten Abgrenzungen. Mit anderen Worten: Natürlich ist es grundsätzlich Klassen besser, ein Cabrio statt der Sardinendose zu fahren. Das kann aber nicht heißen, daß Cabrio gleich Cabrio ist. Nein, ein bißchen haftet der schale Beigeschmack des Fehlkaufes dem fremden Cabrio immer an, am wenigsten zwar, wenn es sich um eines handelt, das mit dem eigenen baugleich ist. Aber auch in diesem Falle geben wir höchstens ein gute Zwei. Also: zweiter Sieger. Übrigens auch, wenn der Wagen gestern von uns gekauft wurde.

Fachsimpel und Vereinsmeier

Nie geht dem Cabrio-Fahrer der Gesprächsstoff aus. Allein die vielen Gerüchte, wer, angeblich oder im Vertrauen, demnächst sein Cabrio verkaufen möchte... Und dann erst die endlosen Spekulationen darüber, warum er sich trennen will! Was heißt hier will? Muß! Oder: Wie ist eine Stoßstange Mz/b – 104-Serie an einem 103er zu beurteilen? Natürlich so wie Gotteslästerung im 15ten Jahrhundert.

Bei so vielen wichtigen Themen wird die gemeinsame Sternfahrt zum Standort des Herstellers reinste Kurzweil, und die Enttäuschung hält sich in Grenzen, wenn man dann in England feststellt, daß die Firma schon vor vierzehn Jahren in Konkurs gegangen ist. Deshalb also die Probleme mit der Lieferung der Ersatzteile! Der Groschen fällt vergleichsweise – und ist das nicht schön? – schnell: »Letztes Jahr in Lourdes sind wir der Sache nicht so schnell auf den Grund gekommen.«

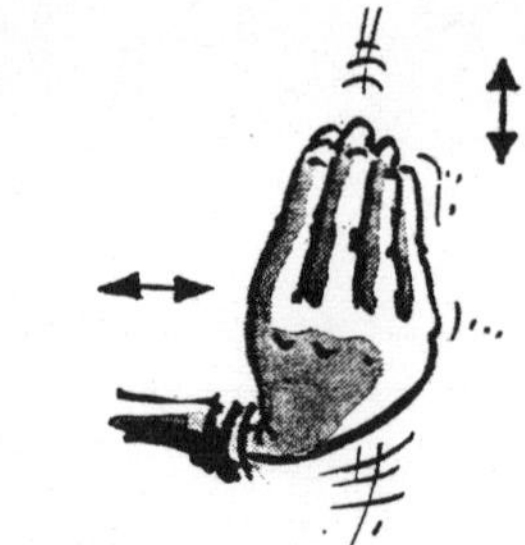

↕ ¿ QUE COSA FAI ?

↔ HEUTE ABEND GIBT'S SPARGEL !

MATTSCHEIBE

WO IST DEIN VERDECK?
ES REGNET SEIT
ZWEI STUNDEN

HÖR AUF ZU
POPELN – DU
STEHST NICHT
ALLEIN AN DER
KREUZUNG !

A). HORNOCHSE

B). NOCH ZWEI
UNREGELMÄSSIGE
LEASINGRATEN UND
DIE SCHLEUDER
GEHÖRT DER BANK

C). ICH SCHWÖRE

Der selbstlose Bastler

Im warmen Schoß der gleichgesinnten Herde fühlt sich besonders der selbstlose Bastler wohl, jener austherapierte und von den örtlichen Koryphäen aufgegebene Fall, der mit dem Kropfschlüssel in der heilenden Hand an den Raketen der Reichen regelmäßig Wunder vollbringt. Gern werden diese zum Thema launiger Partygespräche, und schnell entsteht der Eindruck, daß auch der Erlöser von Nazareth nur selten Größeres vollbracht hat. Außer vielleicht seinem Wasserlaufen, was allerdings in damaligen Partygesprächen vielleicht nur ein bißchen aufgebauscht worden sein mag.

Der Cabrio-fahrende Reiche weiß, daß er ohne seinen selbstlosen Bastler aus niedereren Schichten nichts wäre. Man muß ja nicht gleich plump vertraulich werden. Doch ab und zu darf unser Fummler dabei sein, wenn der Gönner zum Cocktail-Empfang an den Pool lädt. Man bestaunt das Cabrio des Hausherren, das effektvoll in der Einfahrt geparkt steht, ganz so, als würde es gelegentlich benutzt. Niemand unterhält sich mit dem Bastler, er hat also noch mal Glück gehabt. Höchstens einmal bekommt er Gelegenheit, Wissenswertes über die Tücken des Hauptbremszylinders des Achtzylinders aus dem Zylinder zu ziehen. Am nächsten Tag, wieder auf Schicht, berichtet er den Kollegen vom Leben der feineren Kreise und ist damit der wichtigste Botschafter der Klassenverständigung. »Was die an diesen Austern immer finden. Aber dolle Weiber, sage ich euch!...«

Geheimtips statt Werkstatt

Werkstätten verdienen unser Vertrauen nicht, wenn das Cabrio aufgemöbelt werden soll. Da hilft nur der Geheimtip, jene Person, die aus einem amorphen Haufen in der Ecke der monumentalen Garage noch einen echten MG zusammenzusetzen vermag. Nach dem Leitsatz »Ich war eine Dose« köhnlechnert dieser Ausnahmeschrauber unser Prachtstück sogar durch den TÜV. Super! Toll! Wette gewonnen! Das hatte sich keiner vorstellen können!

Alle wollen die wertvolle Adresse, aber wir rücken sie nicht raus, denn jeden schweren Fehler macht man nur einmal. Sollte der empfohlene Geheimtip nämlich doch etwas ruinieren im Kollegenkreis, bliebe unsere eigene Schadenfreude – »Paul, dieser Angeber mit seinem albernen TR 6, der hat's nicht anders verdient, der Schnarchsack!« – nicht ungetrübt. Denn die anderen erinnern sich an den, der für die zu erwartende Qualität des von ihm empfohlenen Schraubers seine Hand ins Feuer legen wollte – an uns.

Und nun stehen wir da, gefesselt, und müssen zusehen, wie die Freunde, natürlich schon ziemlich angeheitert, die offene Flamme mit Benzin und Holzkohle anschüren, um spätestens zehn Minuten später unsere Hand zu rösten – unter Berücksichtigung aller feuerpolizeilichen Auflagen. Der CO_2-Löscher steht bereit.

Kauf und Verkauf

Immer wieder wird dem Cabrio-Fahrer eine fetischistische Liebe zu seinem Blech unterstellt. Alles billige Propaganda der Besitzlosen! Daß er sich jederzeit und tränenlos von seinem Fahrzeug trennen könnte, beweist der Cabrio-Fahrer täglich: Zu seinen wichtigsten Freizeitbeschäftigungen zählt es, allen und jedem ungefragt seine Mindestforderung zu nennen und sich dann wie ein Schneekönig zu freuen, wenn der andere die Augenbrauen hochzieht und kopfschüttelnd abwinkt. Zu teuer, was? Dabei wäre heute die beste Gelegenheit zum Kauf gewesen! Schon in der nächsten Woche ist die Kiste einige Scheine teurer. Ein Wertzuwachs, bei dem man zuschauen kann, so ähnlich wie bei Pfandbriefen, Kommunalobligationen und meiner Pfandflaschensammlung zwischen Kühlschrank und Spüle.

Was heißt hier überzogene Forderung? Aus der Herzgegend zieht der Cabrio-Besitzer die Brieftasche und entnimmt ihr einen Zettel, entfaltet ihn mit großer Geste und läßt sie zum Studium herumgehen, diese sorgfältig aus einschlägigen Fachzeitschriften herausgeschnittenen und ebenso sorgfältig aufgeklebten Anzeigen mit wissenschaftlich vorbildlichen Quellenangaben, in denen andere Fans anderen Fans genau denselben Cabrio-Typ anbieten, den auch er jedes Wochenende einer dreitägigen Prodezdur ritueller Waschungen unterwirft – seines. »Ich liege mit meiner Preisvorstellung also sogar noch im unteren Drittel.« Das überzeugt die Umstehenden, betroffen fassen auch sie sich in die Herzgegend. Verflixt, denken sich nun alle, gerade in solchen Momenten investitorischer Occasion hat man nie genügend Bargeld eingesteckt. Das kann der Tropfen sein, der das Infarkt-Faß zum Überlaufen bringt, aber doch wenigstens den Infarktstein höhlt.

Der Cabrio-Fahrer weiß genau, wieviel er »jederzeit für meinen Wagen bekommen könnte.« Und das bekommt er auch immer. Außer genau in dem Moment, da er wirklich Geld braucht. Die Nachfrage befindet sich gerade dann in der Talsohle. Verschwörung! Alle Interessenten haben soeben einen offenen Wagen gekauft – genau unseren Typ, nur billiger. Billiger! – aber in welchem Zustand!? Also insgesamt teurer als der unsere gewesen wäre, wenn man auch mal die Folgekosten bedenkt. Oft ist der billigere Kauf nicht der preiswertere. Doch diese Belehrung kommt zu spät.

Das Zauberwort für den Verkäufer in spe heißt also Zwischenfinanzierung. Nur nicht weich werden! Wer pumpt einem noch was? Der Wagen wird schon noch sein Geld bringen, wenn wir nicht zwischendurch verhungert oder -haftet wurden. Denn wenn zur Hälfte des schon halbierten Preises immer noch niemand anbeißt, so heißt das natürlich nicht, daß sich nicht mit geduldigem Warten ein Dummer fände, der für den Wagen sogar so viel bezahlt wie von uns gefordert – ein Mensch also, der ein solcher Idiot ist, wie zum eigenen Kaufzeitpunkt man selber einer war. Nun bitte keine Skrupel: Auch der künftige Kunde lebt ja in einer freien Marktwirtschaft und hat genauso die Möglichkeit, einen noch Dümmeren zu finden – so schwer das auch fallen mag, besonders dem 14. und 15. Besitzer.

CABRIO-FAHRER UND JEEPS

Hier soll nicht diskutiert werden, ob ein Jeep mit Verdeck immer gleich ein Cabrio ist oder nicht. Der Fahrer eines offenen Nicht-Jeeps jedenfalls hat Verständnis für den Sturm in die freie Natur und auch den Drang, mit dem Wohnwagen nach Italien fahren zu wollen, aber bitte nach Kompaß und streng geradeaus: Je querfeldeiner die Streckenführung desto tiefer die Befriedigung des Abkürzungsfetischisten im Jeep, gerade im Alpenbereich.

Ein Zuviel an Anrüstung kann es nicht geben, denn bereit sein ist alles. Man könnte immer mal in eine Katastrophe geraten. Erdrutsch in Hannover, unerwartete Nachbeben in der Nähe von Bad Homburg, Hochwasser in der Etoscha-Pfanne. »Unter solchen Umständen fahren wir, und ich meine: praktisch **nur** wir, weiter«, verteidigen sich Jeep-Anbeter – »und können da helfen, wo wir gebraucht werden«, obwohl Not am Mann ist.

»Man kann nie wissen!« lautet ihr Leitspruch in den geheimen Hauptstädten der Welt, also Hattingen, München oder 4902 Bad Salzufflen 8. Und in der Tat würde man von den meisten Widrigkeiten der Fahrbahn nie etwas erfahren, könnte man im Jeep nicht sogar den eben überrollten Kronkorken als ernsthaftes Hindernis spüren. Nur im Jeep wird der gesamte Körper als Seismograph eingesetzt.

Viele Jeep-Besitzer sind es leid, von kleinkarierten MitbürgerInnen ständig aufgezogen zu werden, nur weil in der gesamten Stadt kein Bordstein die Anschaffung eines Jeeps zu rechtfertigen scheint: »Du und dein Jeep! Wie ein Golf mit Seilwinde!« Har har har. Also erstens mal kann man sich mit einem solchen Golf selbst aus dem Sumpf ziehen, wenn man im Berufsverkehr unerwartet von der Strecke abgekommen und in einen Sumpf geraten sein sollte. In dieser Situation hat schon so mancher Golf-Fahrer nichts sehnlicher herbeigewünscht als eine Seilwinde!

Und zweitens sind Sie nach Anwendung des folgenden Tricks die Spötter innerhalb von drei Monaten los: Kaufen Sie innerhalb von drei Monaten in ausreichendem Umfang unwegsames Gelände – das schönste Extra zum Jeep, gleich nach Speichenfelgen, Chromauspuff, vergoldeten Hufeisen und Geweihen an der Stoßstange.

JJÄÄÄÄÄÄÄÄÄÄÄ
HI RSCH 2
VORSICHT!
JEEPHIRSCH!

FAHREN

Fahrstile im internationalen Vergleich

USA

Von »Cruising« spricht der Amerikaner, wenn er stundenlang in langsamer Fahrt Mainstreet auf und ab fährt. Noch heute Video entleihen: »American Graffiti«.

Kalifornien: Die Burschen, die bei unterschiedlicher Auffassung bezüglich der Abbiege- und Vorfahrtsmodalitäten an den Knotenpunkten der Highways um L.A. mit halbautomatischen Schrotgewehren Klarheit zu ihren Gunsten schaffen, sitzen immer in geschlossenen Fahrzeugen.

ITALIEN

Die in Italien verbreiteten schönen männlichen Fahrer sehen wir überhaupt nicht gern in ihren Cabrios. Sie nehmen uns unsere dort urlaubenden blonden deutschen Frauen weg, in deren Ausbildung die deutsche Solidargemeinschaft so viel Geld gesteckt hat. Und zusätzlich nehmen sie uns auch noch die rassigen, glutäugigen Italienerinnen weg, die sich aus Angst vor Brüdern und Nachbarn nicht in unseren geschlossenen Golf trauen. Wenigstens der deutschen Frau in ihrer deutschen Heimat droht keine Gefahr: Für Steigungsstrecken wie die Alpen sind italienische Cabrios nicht ausgelegt.

FRANKREICH

Unwichtig.

BRD UND WEST-BERLIN

Im Vergleich der Nationen fällt auf, daß der BRD-Bürger im Cabrio immer mit einem Lächeln fährt – sympathisch!! –, auch wenn es manchmal ein gefrorenes sein mag, weil der Fahrtwind dem Regenwasser im Gesicht den Rest gibt bei Temperaturen so um plus zwei Grad im Schatten. Wer trotzdem alle paar Minuten eine andere Grimasse schneiden möchte, sollte die Beifahrerin bitten, ihm die zischende Lötlampe ins Gesicht zu halten. Das taut auf. Flammenwerfer jedoch wirken selbst im Kübelwagen von 1943, sei er noch so vorbildlich restauriert, überzogen. Wenn Sie allein sind, fahren Sie kurz rechts ran, nehmen einen Schluck Doppelkorn für innen und reiben sich dann mit zwei weiteren Schlucken das Gesicht ein, um dieses dann mit dem Sturmfeuerzeug zu flambieren. Sollten Sie allen Korn schon vorher ausgetrunken haben, reiben Sie sich das Gesicht mit Benzin ein, und zwar porentief, um es dann abzufackeln.

Führen Sie für den Fall eines Mißlingens ein feuerfestes Abschiedsschreiben mit sich, in dem Sie sich einmal all die politischen Themen von der Seele schreiben, die Sie schon immer betroffen gemacht haben. Als Selbstverbrenner aus hochmoralischen Motiven bleiben Sie Ihren Lieben auch im verkohlten Zustand als Held erhalten. Dieser Ratschlag gilt natürlich nicht, wenn Sie an Gott glauben und deshalb Wert darauf legen, in heiliger Erde bestattet zu werden.

Denken Sie auch an folgendes: Die Lebensversicherung zahlt nicht bei Freitod! Wenn Sie sich für Erben verantwortlich fühlen müssen, sollte **es** immer wie ein Unfall aussehen!

DRITTE WELT
Der Cabrio-Fahrer in den ärmsten Weltgegenden kann an Gnadenlosigkeit nicht einmal von eingeschworenen Kolonial- und Imperialisten übertroffen werden. Zu seinen Hobbys zählt die Folter, und er besteht manchmal zur Abwechslung darauf, deren Opfer zu sein. Die Chancen sind gut, denn die Straßen in Argentinien oder im Tschad ... – und das bei der kompromißlos knallharten Federung dieses englischen Speedsters!

Wer sich in der Dritten Welt ein Cabrio leisten kann, kann sich auch alle acht Wochen das nächste Cabrio leisten. Und in diesem Turnus ungefähr wird ein neues fällig, wenn man das konservative Postulat unter dem Schutz der örtlichen Todesschwadrone verwirklicht: Freie Fahrt für freie Bürger!

Grundsätzliche Stilfragen

Mit unserem einen Prozent Anteil am automobilen Gesamtaufkommen dürfen wir Cabrio-Fahrer uns durchaus als Minderheit betrachten. Damit unsere Rechte nicht weiter beschnitten werden, müssen wir natürlich auf uns aufmerksam machen. Doch wie? Je nach Temperament und Tageslaune kann man auffällig langsam oder besonders engagiert fahren, sollte aber die Grenzen wahrer Exotik oder Kinder nur ohne Zeugen überfahren. Ob man nun der guten Sache dient, indem man plakative Spursprünge und Stoßstangenverfolgungen unternimmt, oder ob man im Gegenteil galant und großzügig das Schneckentempo wählt, um immer wieder publikumswirksame Gnade vor Recht ergehen zu lassen:

Bei alle dem darf man als Cabrio-Fahrer eines nicht drangeben, nämlich die Fähigkeit zum automobilen Nein. Was Recht ist muß auch Recht bleiben! Und wie oft hat man Vorfahrt! An Stellen, wo's wirklich keine zwei Meinungen geben kann! Nur – die anderen sehen das anders, blind wie sie sind von Geburt und vor Eifersucht. Nein, da bleiben wir hart und setzen uns durch, auch und gerade gegen Taxifahrer und Manfred Krug, der eigentlich nicht die sittliche Reife zum Führen eines Sattelschleppers besitzt. Und ein Märtyer mehr kann der Bewegung auch nicht schaden...

Überholen und sich dieses lassen

Der Cabrio-Fahrer braucht die Selbstbestätigung des Überholens nicht. Er liegt sowieso vorn, denn: auch der übertragene Sinn wird mitgerechnet. »Also bitte schön, nach Ihnen!«, sagt der Cabrio-Fahrer den Zeitgenossen, die es eilig haben – vorausgesetzt allerdings, er wird »vernünftig« überholt. Zeigt sich aber schon bei einem dieser höchst seltenen Blicke in den Rückspiegel die höhnische Pose des Verfolgers, der sich durch offensichtliches und -sives Beschleunigen die Maske der Menschlichkeit vom Gesicht reißt, um die Fratze des Leibhaftigen, also Automobilisten und manchmal sogar ADAC-Mitgliedes preiszugeben: Nun, in diesem Fall muß dem Überholer die Genugtuung verwehrt werden. Was hier not tut, sind vielmehr pädagogische Betreuung und Unterweisung. Durch uns! Entweder bringen wir den unvernünftigen Überholwilligen durch Ausbremsen oder Zickzack-Kurs zur Besinnung, oder wir fahren den Wagen mal aus. Auch bewähren sich gerade jetzt die 400 Kanonenschläge, die man jeden 30. 12. als Grundversorgung fürs nächste Jahr kauft. Hoffentlich funktioniert der Zigarettenanzünder.

Landstraße

Lustvoll eilt der Cabrio-Fahrer auf landschaftlich schönen Umwegen von A nach B, ach nein, das war ja letzte Woche, also: von K nach P oder C über S nach U. Er macht möglichst umfangreiche Abstecher ins Grüne der Republik und läßt das Cabrio bei abgestelltem Motor langgezogene Hügel herunterrollen. Wie leise es plötzlich ist! Aber warum läßt sich der Wagen in der Kurve nicht lenken? Ach ja, weil wir beim Abstellen des Motors das Lenkradschloß blockiert haben...

Genau so lernt man Land und Leute am intensivsten kennen, dort, wo es am menschlichsten ist: Gerade im Straßengraben kommt es zum Kontakt mit der einheimischen Bevölkerung auch in den unerschlossensten Weltgegenden zwischen Schwandorf und Vilsbiburg, von denen man bisher nicht ahnte, daß dort überhaupt menschenähnliche Lebensformen vorkommen. Und nun kann man dort Existenzen beobachten, die sich von den für die Zivilisation üblichen zivilisierten Unfallchirurgen oder unzivilisierten Abschleppunternehmern nicht unterscheiden.

Autobahn

Erst wickelt sich der Cabrio-Fahrer aufs sorgfältigste ein, bis zur Urerfahrung des frühkindlichen Gewickeltseins. Dann braust er los. Die erste Zeit ist es ja ganz lustig. Dann kommt eine Phase, in der man das Prinzip der Routine tiefer empfindet als nach vier Jahren Ehe.

Und dann irgendwann mal setzt das Denken aus. Der Cabrio-Fahrer verliert jedes Gefühl für die Zeit. Die Idee des Fahrens hat sich verselbständigt. Erst jetzt kommt die Mitte, die eigene **und** die der Fahrstrecke. Leben und Tod werden die einzigen noch gültigen Dimensionen. Man hat nur noch einen Gedanken: »Aufgeben!« Umkehren wäre blöd, denn die Heimat liegt weiter entfernt als das Ziel in der Fremde.

»Aufwachen!« – Doch leider ist auch dies kein böser Traum, aus dem man erwacht, um von Gitte getröstet zu werden. Und irgendwie reißt man dann am mit Innendornen besetzten Würgehalsband, um den inneren Schweinehund zu zähmen und schließlich entnervt und durchgefroren anzukommen. Erleuchtung, Seligsprechung, zwei Doppelte, zu Hause anrufen: »Nein, es war das reinste Vergnügen.«

Nachts

Wirklich romantisch nur im alleruntersten Drehzahlbereiches mit V8-Motor! Ganz langsam tuckern 5,7 Liter Hubraum sonor bassig die mondbelichtete Allee herauf und herunter. Schrittempo. Sinatra. Wir parken unter einem Baum und lauschen der Natur, der wir uns hingeben, auch unserer: in solchen Momenten vermehren sich Cabrio-Fahrer.

Im Cabrio ist man ungeschützt, wenn man anhält. Da hilft auch die Kondomsammlung wenig, gerade bei den üblichen Barrikaden, die Räuber des nachts auf finsteren Straßen installieren oder der schlecht frisierten Leiche auf der Fahrbahn, die in Wirklichkeit noch lebt und uns erstmal zum Anhalten animieren soll. Alter Trick! Keine Frage, daß ein Mensch mit einer so überdurchschnittlichen Intelligenz wie der durchschnittliche Cabrio-Fahrer sich nicht reinlegen läßt – selbstverständlich fahren wir an einem solchen laienhaft gestellten Unfall vorbei, um so einen Raubmord an uns selbst zu verhindern.

Spazierenfahren

Schnell sind die anderen mit der vernichtenden Analyse bei der Hand: »Angeber! Führt seinen blöden Wagen vor!« Das berührt auch so manche Beifahrerin peinlich. Man wähle also Strecken zum genießerischen Gesehen-Werden, für deren Befahren man eine harmlose und plausible Erklärung hat. Zufall, wenn sie dann von winkenden Menschenmassen gesäumt sind. Der Papstberuf hat Vor- und Nachteile.

Nicht alle Beifahrerinnen erfreuen durch einen natürlichen Zugang zu den natürlichen Freuden des offenen Herumfahrens. Daher wird der Cabrio-Fahrer in vielen Fällen sein Zentralthema der Spazier**fahrt** mit dem vorgeschobenen Grund des Spazier**gangs** durchsetzen müssen:

Auf die mittellange Anfahrt folgt ein kurzer Spaziergang in häßlicher Umgebung, dann eine längere Erkundungsfahrt kreuz und quer durch die Gegend, um, »für nächstes Mal«, eine bessere Strecke zum Spazierengehen zu finden. Der Vorsatz, später dann noch ein Stück spazierenzugehen, wird nicht in die Tat umgesetzt: Es ist dann irgendwann zu spät, also dunkel oder kalt.

Vor dem Schließen des Verdecks irgendwo einkehren und die Armmuskulatur kräftigen. Nach dem Stemmen der Getränke zahlen und raus. Der Dame den eigenen Mantel geben. Selber Lungenentzündung einfangen – die **sie** die nächste Woche über wird gesundpflegen wollen bzw. müssen.

Das elektrische Verdeck

Bei langsamer Fahrt können Sie ein elektrisches Verdeck immer wieder mal effektvoll vorführen. Nun mag es unglaubwürdig wirken, wenn Sie bei Sonnenschein das Verdeck elektrisch zufahren lassen. Außer beim Abstellen des Wagens. Also halten Sie alle fünf Minuten. Runde um den Block. Erneut losfahren und wieder genüßlich das Verdeck öffnen, während der langsamen Fahrt vorbei am Spalier staunender Mitbürger.

Parken

Irgendwie sind Ampeln immer rot. Man wartet Ewigkeiten. Dennoch: **An der Ampel** haben wir leider selten ausreichend Muße, um kurz auszusteigen, uns schräg auf Tür oder Kotflügel zu setzen, uns eine Prince Denmark anzuzünden und rasch noch das Panorama anzuschauen, um dann weiterzufahren.

Aber trotzdem nicht aus Frust essen, so verführerisch die Delikatessen auch sein mögen, die sie bei sich haben, besonders im Inneren Ihrer Nase! Cabrio-Fahrer werden ständig beobachtet. Halten Sie Ihren Hunger selbst in maskiertem Zustand im Zaum. Der Zufall könnte es wollen wollen, daß sich irgend jemand Ihr Nummernschild merkt und Sie bei nächster Gelegenheit stellt. Auch die meisten anderen Meisterverbrecher sind durch blöde Zufälle zur Strecke gebracht worden. Oder können Sie nachweisen, daß es auch wirklich Ihr Eigentum war, das Sie da aus den Tiefen Ihrer Nase...

Manchmal fährt man auf die rote Ampel zu, und die Rechtsabbiegerspur ist nicht frei. Pech. Manchmal steht man zwar in der Rechtsabbiegerspur als erster vor der roten Ampel, sieht aber links neben sich einen Porsche, einen Audi 100 cc oder einen Mazda 626. Pech. Oder vom Gehweg winkt einem der Berufsschullehrer oder ein Vorgesetzter zu. Pech. Denn in all diesen Fällen: Ausnahmsweise nicht mit qualmenden Reifen rechts vorbei am linken Nachbar und dann vors verschnarchte Verfolgerfeld setzen, um den Nachzüglern solidarisch den Weg freizufahren! Und sonst? Selbstverständlich mit qualmenden Reifen rechts vorbei am linken Nachbar und dann vors verschnarchte Verfolgerfeld setzen, um den Nachzüglern solidarisch den Weg freizufahren!

Verhalten Sie sich immer vorbildlich und freundlich. Natürlich sollen Sie niemanden anlächeln! Unter keinen Umständen, Sie sind doch nicht aufdringlich oder anbiedernd! Dafür sollten Sie ständig zurücklächeln, und zwar auch, wenn der oder die andere Sie gar nicht angelächelt hatte. Das ist ja die große Kunst des Zurücklächelns: Es muß wirken, als hätten Sie gerade mindestens die Fatamorgana eines Lächelns im Zielwagen gesehen und in der für Sie typischen, freundlichen Art des Lebensbejahers beantwortet.

Und genau so wird es Ihre ernste Zielperson auch verstehen, wenn sie sich, kaum daß sie Ihr strahlendes Honigkuchengesicht bemerkt hat, nach allen Seiten umschaut um zu überprüfen, ob neben, vor oder hinter ihr jemand fährt, der gemeint sein könnte. »Was denn, bin tatsächlich ich gemeint?«

fragt sie stumm und deutet mit dem Finger fragend auf sich selbst – nicht selten leider in Stirnhöhe...

IM PARKHAUS

Ein echter Cabrio-Fahrer parkt unter keinen Umständen in diesem Symbol für Unfreiheit, Entmündigung, Büro- und Sozialdemokratie. Das Parkhaus mag ideal sein für die Erhaltung des in ihm abgestellten Autos. Aber wer sieht unser prächtiges Fahrzeug in diesem schlecht illuminierten Bauwerk? Nur lichtscheues Gesindel, das es auf unsere Felgen oder seltenere Ersatzteile aus dem Armaturenbrett abgesehen hat. Und diese möchte man keinesfalls einbüßen, hatte man doch selbst nach der Bestellung vier Wochen warten müssen, bis der Hehler endlich liefern konnte.

Für unsere Parkbedürfnisse mag das Parkhaus vollkommen ungeeignet sein. Aber spätestens bei schlechtem Wetter und verstopfter City in flacher Gegend bietet dieser Gebäudetyp die einzige Möglichkeit zur engagierten Kurvenfahrt ohne Spritzwasser, aber mit Steigungen und Extremgefällen jenseits von Tempo 50 und mehr in der Stadt. Keine lästigen Kinder, die ihrem verzogenen Elfmeter nachsetzen! Keine Ampeln! Aber leider auch, und hier sollen die Nachteile nicht verschwiegen werden: Drehwurm und kaum echter Gegenverkehr. Dafür entschädigt der Hall.

ILLEGAL

Auf dem Bürgersteig dürfen Cabrios allemal parken, und zwar unter dem Schutz der Freiheit der Kunst. Es könnte ja durchaus sein, daß HA Schult oder ein noch begabterer Schaufensterdekorateur von der örtlichen Woolworth-Niederlassung ausgeliehen wurde an eine Losbude, die Camel-Kampagne oder Ford.

Und doch sei angeraten, nicht künstlerisch frei in den Passantenfluß hinein zu parken, wenn man nicht künstlerisch eigenwillige Ralleystreifen an der Seite wünscht, wie sie besonders effektvoll mit Schlüsseln in den Lack geritzt werden – meist leider ohne wertsteigernde Signatur seitens ihres Schöpfers.

Cabrio können besonders lange und problemlos **in zweiter Reihe** geparkt werden, weil ein offener Wagen immer so aussieht, als führe er gleich wieder weiter. Wenn Sie im Winter Ihr Cabrio über Nacht offen (!) in zweiter Reihe parken wollen, sollten Sie auf jeden Fall Motor und Heizung laufen lassen, damit frisch fallender Schnee umgehend abtaut. Sie werden garantiert nicht abgeschleppt. Die Polizei wartet nicht auf Sie, denn das Mitleid der Beamten überlagert deren in wärmeren Jahreszeiten dominanten Sozialneid deutlich.

Sollten Sie morgens um halb zwölf aus dem Haus trotten und dann doch eine übernächtigte Polizeistreife an Ihren Fahrzeug antreffen, sagen Sie einfach, Sie seien vorhin, kaum daß Sie im Hause waren, ohnmächtig geworden. »Oder würde ich sonst mein Auto mit laufendem Motor stehen lassen?« Natürlich nicht, nicht so einen schönen Wagen!

Cafés

Alle wollen draußen sitzen. Ich finde diese auf französisch gequälten Korbstühle unbequem, und das Warten auf freiwerdende Tische nicht minder. Da lassen wir uns lieber unsere Bestellung aushändigen und ziehen uns damit ins Fahrzeug zurück. Nicht kleckern! Ein bißchen grenzt man sich sicherlich ab, aber stören Imbiß und Umtrunk im oder auf dem eigenen Cabrio das allgemeine Gemütlichkeitserlebnis der anderen Gäste? Nein, wir integrieren uns nahtlos. Und überhaupt du da vorne, warum regst du dich auf? Gerade hast du mich noch spitzfindig gefragt: »Sag mal, mußt du eigentlich unbedingt mitten zwischen den Stuhlreihen parken?«

Autokino

Sie bemängeln, es gäbe keine vernünftigen Filme mehr? Stimmt. Und vor allem nicht im Autokino? Stimmt auch. Aber: vielleicht ist dieser zweifellos bedauerliche Umstand die einzig probate Art, ihre Freundin zum Pornogenuß zu überreden! Leihen Sie sich einen offenen Straßenkreuzer mit elektrisch ausfahrbarem Verdeck. Auch katholische Naturen werden weich, wenn sich der Himmel automatisch ausstülpt. Und spätestens dann werden Sie beide froh sein, daß Anregendes gegeben wurde und nicht »Der Himmel über Berlin« von Wim Wenders.

Warten

Der echte Cabrio-Fahrer freut sich über jede Verspätung seiner Verabredung. Steht sie im Rufe peinlicher Pünktlichkeit, so kommt er zu früh und wartet in zweiter Reihe. Wenn er überhaupt verabredet ist. Ständig sieht er auf die Uhr – aus Alibigründen. Unruhig tasten seine Augen über die Menschen auf dem Bürgersteig, um seine Verabredung frühzeitig zu entdecken. So sieht es wenig-

stens aus. In Wirklichkeit will er nur genießen, wie alle ihn, sein Cabrio und sein auffälliges Verhalten mustern und bemerken – er dies aber nicht zu bemerken scheint. Ein letzter Blick auf die Fliegeruhr: 15 Minuten gewartet. Schulterzucken. Abfahrt.

Die Verkäuferinnen der Douglas-Niederlassung, vor der Sie diese Inszenierung jeden Donnerstag geben, denken sich spätestens nach der vierten Wiederholung eine hochromantische Interpretation aus. Drücken Sie auf die Tränendrüse! Fahren Sie zum Warten mit Blumenstrauß vor! Ignorieren Sie den Platzregen, den Sie für Donnerstag bestellt haben. Telefonieren Sie nicht mit Ihrem Autotelefon. Wenn Sie einer der Douglas-Damen dann absichtlich eine Schramme in den Wagen fahren, nur um sie unter Umständen kennenzulernen, die von ihr als intensivstes Schicksal mißverstanden werden sollen, so hat sie das Gefühl, Sie schon seit Ewigkeiten zu kennen und für Sie bestimmt zu sein. Natürlich nutzen Sie das schamlos aus – wie immer.

Stau

Alle bewundern den Cabrio-Fahrer, der so tut, als habe er in der Mitte von Lärm und Abgas immer noch mehr Freude am Fahren als die eingedosten anderen. Das setzt eine besondere Atemtechnik voraus: Kurz vor Stau 31mal schnell ein- und ausatmen, bis Sternchen und Kreise vor den Augen erscheinen. Nun Luft anhalten und nach Verbrauch des Luftvorrates extrem flach weiteratmen. Wenn Sie zu den in der aktuellen Presse genannten Stoßzeiten in Zonenrandgebieten zwischen Zweitaktern stehen, stellen Sie Ihre Atmung bitte ab.

Der Cabrio-Fahrer hat, wie jedes Mitglied der entscheidenden Eliten, keine Zeit zu vergeuden und ist auch in Momenten des totalen Stillstandes immer mit etwas beschäftigt. Akademiker lesen, Durchschnitts-Cabrio-Fahrer telefonieren. Das verfrühte Auspacken des Pausenbrotes aber irritiert vor allem dann, wenn der Fahrer ansonsten aus den umliegenden Autos heraus bewundert wird, weil er wegen seiner unreinen Haut so aussieht wie ein 17jähriger ohne Führerschein, der seinen offenen Porsche gerade erst geklaut hat.

Besonders im Stau werden wir kritisch gemustert. Also zeigen wir uns von der besten Seite: Sonnenbrille! Baseball-Kappe! Musik laut, mit den Fingern trommeln, mit dem Kopf wippen, mit dem ganzen Körper schunkeln! Aber bitte abwechslungsreich! Kein stumpfer Hospitalismus – außer in Niedersachsen, da fällt das nicht auf.

Lassen Sie sich nicht ablenken. Geben Sie sich selbstversunken und reagieren Sie nicht auf Zurufe, außer vielleicht bei: »Halt! Stehenbleiben oder ich schieße!« Dann zeigen Sie den abgespreitzen Mittelfinger und freuen sich diebisch, daß Sie gerade heute kein anderes halbwegs sauberes Wäschestück auf dem Fußboden Ihrer Wohnung gefunden haben als Ihre schußfeste Granatsplitterweste aus Mischgewebe (80 % Kevlar, 10 % Goretex, 2 % Baum-, 10 % Stahlwolle).

Tunnel

Keine Tunneldurchfahrt ohne Urschrei! Der Cabrio-Fahrer dankt Herrn Arthur Janov die Erfindung jenes Symbols für die ambivalente Urkraft des menschlichen Geistes, der einerseits solche Monumente wie den Elbtunnel auftürmt, sich aber andererseits nicht von ihnen einschüchtern läßt. Toller Hall. Tolles Feeling. Toll.

Der Cabrio-Fahrer, immer auf der Suche nach einer Abkürzung und dabei unterwegs zum Urgrund seiner Seele und dem mütterlichen Gebärmutterhals, freut sich bei der psychoanalytischen Erfahrung über eine positive Nebenwirkung der straßenführenden Röhre: Bei längeren Tunnels ist man am Ausgang schon fast wieder trocken (Was allerdings leider voraussetzt, daß man bei Einfahrt in den Tunnel naß war. Im Zweifel also mit dem Pinsel geeignete Flüssigkeiten hinter den Ohren auftragen.).

Urlaubsverkehr

Tiefe Selbst- und Extremsterfahrungen verspricht jede Urlaubsreise im offenen Wagen. Wenn man feststellt, daß man doch nicht 19 Stunden ohne Pause hinter dem Lenkrad durchhält, sondern einem nach 18,5 die Augen zufallen, dann heißt das: Unter freiem Himmel im oder unterm Cabrio schlafen, oft auch für immer und im eigenen Blut!

Auf endlosen Fahrten verschwimmt das Ziel. Der Weg wird zum Ziel, das Medium die Massage. In letzter Konsequenz geht es nur noch um den großen Traum vom Nach-Hause-Kommen, wie ihn E.T. uns vorträumte. Obwohl man sich um die zwei Wochen Torremolinos, die zwischen jetzt, also dem ersten Ferientag, und der Erlösung liegen, auch nicht drücken will. Dabei weiß ein jeder, daß der Cabrio-Fahrer den Urlaub haßt, weil er immer im Urlaub ist und sich gern mal eine Abwechslung gönnen würde. Wir rufen ihm zu: »Geh doch arbeiten!«

Wenn man schon mit dem Cabrio anreist, dann möchte man es vor Ort auch nutzen, möglichst ohne viel Gestaue und Gegenverkehr. Beliebte Urlaubsziele für den Kenner sind daher: Sahelgürtel, Gazastreifen, Etoschapfanne oder die Fußgängerzone in Baden-Baden nach der mit verstellter Stimme durchtelefonierten Bombendrohung.

Berufsverkehr

Im Berufsverkehr beschleicht den Cabrio-Fahrer das Gefühl aussichtsloser Unfreiheit, eine Emotion, die gerade aus ihm plötzlich einen amokfahrenden Angstbeißer machen kann. Vor diesem Bedrohungspotential möchte und könnte sich die geschlossen fahrende Mehrheit der Bevölkerung schützen. Die Politik ist gefordert, Konsensfähigkeit, Kamingespräche, Vieraugengespräche, Dialog mit der Jugend, Selbstgespräche am runden Tisch – niemand darf ausgegrenzt werden.

Der konstruktiven Vorschläge sind Legion, doch allein die Subventionierung des Offen-Fahrens durch Landeskonservator und besondere Treibstoffbezugsregelungen, die ich schon angerissen habe, reichen nicht hin. Das Gebot der Stunde heißt: Einrichtung einer besonderen Cabrio-Spur. Schnell wird es allerdings zu einer Interessenkollision mit den Mercedes-Fahrern kommen, die im Laufe jahrzehntelanger schmerzhafter Erfahrungen bemerken mußten, daß sich selbst mit acht Zylindern und eingebauter Vorfahrt dem Trauma des Berufsverkehrs nicht davonfahren läßt. Der Cabrio-Fahrer setzt auf Deeskalation: Wir an den geraden, ihr an den ungeraden Tagen des Monats.

Tagesstile – Samstag-, Sonntag-, Montag-Stil

Samstag: rasant, herausfordernd, naßforsch, gewagt, akrobatisch – es fährt der staatlich geprüfte Tarzan. Die letzte Fahrt des Samstages wird zügig, aber für niemanden zu anstrengend oder angsteinflößend, keineswegs übertrieben männlich und angeberisch durchgeführt. Sonntag: In der Puppenstube der neuen Bekanntschaft (gestern als Beifahrerin positiv aufgefallen) aufstehen. Frühstück. Nochmal Paarung. Dusche. Spazierfahrt mit Alibi-Ziel »im Grünen«: Fahrstil gutgelaunt, genießerisch, mittelschnell. Die letzte Fahrt dieses Tages: Richtung Garage rast der Sonntagsfahrer mit Vollgas, es bleiben ihm ohnehin nur noch knapp drei Stunden Schlaf, bis er wieder in den Wagen

"BURGER-PRINZ"

steigen muß. Montag: auf dem Weg zur Arbeit, unvorstellbares Gewühl auf den Straßen. Analeptischer Schock – wie jeden Montag.

Stehend mitfahren – Party-Mobil

Am ausgelassensten feiert es sich an einem Austragungsort ohne hemmenden Besitzer. Der Halter des Cabrios liegt also am besten unter Vollnarkose im Notkofferraum. Denn könnte er erleben, was da in seinem Wagen – und **mit** seinem Wagen – passiert, er würde tausend Tode sterben und seinen Freunden ein spielverderberisches Problem einbrocken: wohin mit der Leiche?

Froh zu sein bedarf es wenig: Während der Fahrer einen Selbstversuch mit Alkohol unternimmt und eisern durch- und kurshält, stehen die – falschen – Freunde auf der empfindlichen Rückbank und krakelen gegen die Musik aus der 340-Watt-Anlage an. Eigens für dieses Bedürfnis nach Krawall haben die Konstrukteure des z.B. Golf Cabrios in der Mitte des Fahrzeuges den sogenannten und immer wieder geschmähten »Henkel« angebaut.

Sitzt die Clique hinten auf Rückenlehne und Verdeck, so läßt es sich der Fahrer nicht nehmen, unerwartete Extremkurven zu fahren und immer wieder mal gnadenlos zu beschleunigen. Wer hätte nicht eine der ungezählten Geschichten gehört, von der legendären Fahrt vor drei Wochen, aber inzwischen ist schon viel verheilt, und jeder darf seinen Namen auf den Gips schreiben.

Manch ein Cabrio-Besitzer weigert sich beharrlich, die ihm zugedachten K.O.-Tropfen einzunehmen. Er trinke nicht, er sei schließlich der Fahrer – denn dazu immerhin läßt er sich breitschlagen, weil sie ihm drohen, ihn sonst künftig nie wieder mitspielen zu lassen, bei nichts, weil: »Scheiß dich doch nicht ein!« Er läßt sich überreden, kann aber nie Zugang zu der Theorie finden, daß der Chic der Gebrauchsspuren den Chic des Neuen bei weitem übertrifft. »Sekt macht keine Flecken!« und: »Fahr mal langsamer, damit ich den Ketschup vernünftig wegwischen kann!«

Daß beim Austausch von Schaumwein, beim gegenseitigen Bespritzen mit geschütteltem Bier und Umsteigemanövern mit parallel auf Tuchfühlung fahrenden anderen Cabrios immer mal wieder eine lustige Anekdote für die Memoiren produziert wird, ist doch klar. Richtige Katastrophen sind das nicht.

Aber wehe der Fahrgenuß wird durch den Verlust wirklich wichtiger Privatgegenstände unterbrochen! Wenn die entscheidenden Dinge des Lebens davonfliegen – Ohrringe, Zettel mit Telefonnummern, Haarteile, Kokain –, dann läuft die Stimmung nur sehr schleppend wieder an. Und wehe, ein Fahrfehler war schuld!

Der Cabrio-Fahrer als Mime

Den großen Mimen zeichnet große Mimik aus, wobei vor allem eine Grimasse wie aus dem FF beherrscht werden sollte: »Ich verstehe leider nicht!« Diese Pose braucht der Cabrio-Fahrer ständig, weil auch die kontaktfreudigen Fahrer der Normalwagen gemeinhin zu dämlich sind, sich akustisch, gestisch, mimisch etc. verständlich zu machen. Nicht zu reden von schriftlichen Nachrichten, wie man sie von innen gegen die beschlagene Scheibe schreiben könnte. Aber wer beherrscht schon die Spiegelschrift? Und: Schreibt man eigentlich von links nach rechts oder von rechts nach links?

Ist sowieso egal, wenn man sich ohnehin nur die Bereitschaft zur Paarung signalisieren wollte. Hier greift man auf das allgemein eingeführte Repertoire von Finger- und Handzeichen zurück, bevor man bei nächster Gelegenheit gemeinsam rechts raus fährt und dann, auch bei schönem Wetter, wahrscheinlich eher in der Intimität des geschlossenen Wagens zur Tat schreitet.

Nichts hemmt den Redefluß des Cabrio-Fahrers bei offenem Verdeck. Abgesehen von seiner Intelligenz natürlich. Ach ja: Zu viele Cabrio-Fahrer nuscheln noch! Dabei ist eine klare Sprache im Straßenverkehr ein wichtiges Muß, gerade beim lautstarken Beleidigen der voll verblödeten Mehrheit der Verkehrsteilnehmer, denen man sogar die Lizenz zum Fußgängern abnehmen sollte. Belegen Sie noch heute einen Sprechkurs, wie engagierte Fachhändler ihn vielerorts schon anbieten.

Betankt bis über den Eichstrich

Auch betrunkene Cabrio-Fahrer fahren vernünftig. Manche sagen: nur sie. Aber das stimmt nicht. Von strafandrohenden Gängeleien im starren Räderwerk des Verwaltungsstaates und seinen Beamten lassen wir uns nicht einschüchtern. Wir schon gar nicht! Wenn wir wollten, würden wir wie die Sau fahren, nüchtern oder nicht.

Andererseits fahren wir betrunken so gut wie nüchtern. Wir sind uns nämlich der erhöhten Verantwortung bewußt, die wir als Führer eines Kraftfahrzeuges im Suff tragen, und wenden jenseits der 1,6 Promille die entsprechende erhöhte Sorgfalt an! Unter 1,4 Promille sind wir übrigens regelmäßig nicht betrunken.

Nun werden manche sagen: »Ihr Cabrio-Fahrer fahrt auch nüchtern schon schlimm genug.« Na, wenn Sie das so genau wissen – meinetwegen. Aber daß so wenig passiert, **das** wenigstens müssen Sie zugeben. Nein, bei James Dean, da war der andere schuld. Was steht der Baum so blöd auf der Fahrbahn herum!? Und bei den anderen verunfallten Cabrio-Fahrern gibt es ähnlich einleuchtende Erklärungen für die Unschuld. Das können Sie nun wieder mir mal glauben!

DACHSCHÄDEN

Surfbrett für und gegen Dachschaden

Surfbretter sind gefährlich. Bei der Ausübung des Surfberufes schlagen sie dem Sportler aufs Hirn und führen zum Dachschaden. Beim Surfer fällt der Totalausfall der wenigen grauen Zellen nicht auf, wohl aber beim Cabrio-Fahrer. Aber man muß das Surfbrett ja gar nicht unbedingt als Medium der Selbstverstümmelung benutzen! Warum es dann überhaupt anschaffen, mögen manche nun spitzfindig fragen. Erstens: weil es nie schaden kann, etwas zu besitzen, egal was, Hauptsache teuer und mein. Und zweitens montieren wir uns das formschöne Stück Plaste aufs Cabrio – als idealen Schutz gegen gefährliche Sonneneinstrahlung.

Neben dem Sonnenschutz bietet das Surfbrett dem Cabrio-Fahrer weitere protektive Vorteile: in der Nähe von Nato-Manövern und Flugplätzen, besonders während Flugschauen, Schutz gegen herumfliegende Wrackteile; Schutz gegen Cola-Dosen und Einwegflaschen, die aus anderen Cabrios geworfen werden; Schutz gegen Meteoriten; Schutz gegen Steine, die Jugendliche von Autobahnbrücken rollen; Schutz gegen herabstürzende Sylvesterraketenteile ganzjährig und zu Sylvester; Schutz gegen – nur ganzjährig – Querschläger der Polizei.

Verschleißteil Verdeck

Ein gutes Verdeck schützt gegen die Widrigkeiten der Witterung wie gegen Insekten und erweist sich in der Nähe von Vulkanausbrüchen als überaus praktisch, wenn auch nicht in allen Fällen gegen flüssige Lava. Ohne ein Verdeck wären wir darauf angewiesen, jedes Regengebiet weiträumig zu umfahren und unseren Treibstoffverbrauch somit sicherlich zu verzweihundertfünfzigfachen, auch bei mutwillig sparsamer Fahrweise.

Über den Unsinn menschlichen Wirkens lernen wir beim Suchen nach dem **Loch im Verdeck** eine wichtige Lektion der Demut. Nur der Physiker bleibt ruhig, wenn's reinregnet und man das Leck nicht lokalisieren kann. Er weiß um die großen Leerräume zwischen den atomaren Teilchen – da wird es wohl durchtropfen.

Cabrio-Fahrer votieren laut für bemannte Marsflüge, weil bei der Gelegenheit bestimmt ein Textil entwickelt werden wird, das mit konventionellen Messern nicht zu zerschlitzen ist. Es muß aber nicht unbedingt gleichzeitig eßbar sein.

Selten verliert der Cabrio-Fahrer aus den Augen, wie wichtig für ihn eine hochentwickelte Medizin ist. Gern gibt er sich einer Fahrweise hin, die ihn immer wieder zum unersetzlichen Trainingsobjekt gerade der Chirurgen werden läßt. Nie aber käme er auf den Gedanken, selbst Chirurg werden zu wollen, nicht mal hobbymäßiger. Es sind andere Motive, die ihn in den Finessen des Umgangs mit dem Skalpell schwelgen lassen, wenn er sich vorstellt, wie er einen jener Menschen vor sich hat, festgeschnallt auf dem Wohnzimmertisch und gänzlich unbetäubt, der an seinem Verdeck Schnittführung trainiert hatte und sich dabei erwischen ließ.

Und dann gibt es da noch die Zeitgenossen, die gern in kleine Löcher fassen und sie ausweiten. Sie genießen in der Atmosphäre des Verbotenen das erotisierende Ratschen der Verletzung. Weh euch, ihr feigen, perversen Schweine! Der Jugendschutz verbietet die genaue Beschreibung dessen, was der Cabrio-Fahrer mit euch machen würde, wenn er euch mit den Fingern im Verdeck in die Finger bekäme. Aber anspruchsvolle Cineasten kennen sicher längst die einschlägigen Lehrfilme wie das »Texas-Kettensägen-Massaker«.

Schlitzer, Hauer, Stecher: Wir Cabrio-Fahrer empfehlen Standrecht nach rumänischem Modell.

Hardtop

Was denn, es zieht? Verschmieren Sie die Ritzen des aufgesetzten Hardtops mit Silikonkautschuk aus der Kartusche. Vielleicht kriegt man das im nächsten Frühjahr ja wieder ab.

Im Sommer steht das Hardtop immer im Wege herum. Zum Grillen ist es ungeeignet. Wenn die Garage hoch genug ist, kann man das feste Verdeck den Großteil des Jahres mit dem zugehörigen Montagekran (ja, den gibt es!) unter dem Dach aufbewahren.

DIE WELT DER MEDIZIN

Die wichtigsten Organe

TRÄNENDRÜSE
Notwendig bei Verkauf und noch mehr Notverkauf[1], beim Liegenbleiben und allen sonstigen Katastrophen, vor allem aber zum Freispülen der Augen von Insekten, Staub, Sand, Balken etc.

GROSSE LUNGE
Immer wieder praktisch zum Luftanhalten, wie es im Stau spätestens neben LKWs überlebenswichtig ist. Sie kann auch ersetzt werden durch eine mundgeblasene Taucherausrüstung oder die Nato-ABC-Maske nebst zugehörigem Schutzanzug. Sehr elegant verschaffen Sie sich die nötige Atemluft mittels eines zusätzlichen, ausfahrbaren und 15 Meter hohen Teleskopschnorchels, der Ihnen aber besondere Vorsicht bei Brückendurchfahrten abverlangt.

Eine große Lunge ist auch notwendig, um auf 50 Meter Distanz zu langsame Fußgänger am Zebrastreifen oder die Fahrer großer Limosinen durch deren getönte Scheiben hindurch wirkungsvoll anbrüllen zu können.

GESICHTSMUSKULATUR
Wie wollte man ohne gut durchbildete Gesichtsmuskeln über Stunden die notwendige Verengung der Augen zu Sehschlitzen durchhalten, wenn man bei Gegenlicht oder windigem Wetter die Schutzbrille vergessen hat und das Verdeck nicht funktioniert? Unser Vorbild, auch im Leben, heißt Clint Eastwood.

Unsere Lieblingserkrankungen

In bestimmten Kreisen ist der Schmerz beinahe ausschließlich dazu da, ignoriert zu werden. Aber nicht in unseren, obwohl wir doch überaus männlich, teilweise sogar Indianer sind. Krankheitsbewußt geben wir uns jeder Malaise

1 Bei dem der betrügerische Charakter noch mehr im Vordergrund steht als sowieso schon.

hin, ist sie doch ein guter Anlaß für längere Krankschreibungen, also ausgedehnte Spazierfahrten im Cabrio – denn jeder Kranke braucht ausreichend Frischluft und Sonne zur Genesung.

STEIFER NACKEN

Gattinen raten zur Cabrio-Fahrt ohne Schal, weil ihr Mann mit dem unvermeidlichen steifen Nacken keinen fremden Frauen mehr nachglotzen kann. Der steife Nacken zwingt zu gemäßigter Fahrweise, weil man sich nicht durch ruckartige Kopfbewegungen über die Verkehrssituation um einen herum informieren kann.

SCHNUPFEN

Der Cabrio-Fahrer hat dauernd einen Schnupfen, aber er niest nie. Das würde nämlich irgendwie unwürdig und siech wirken. Dieser Mann hat seine Unpäßlichkeiten im Griff, ganz besonders natürlich Infektionen der oberen Atemwege und Krebs untenrum.

Nicht leicht läßt sich die Entsorgungsfrage lösen. Während man den durchsichtigen, flüssigen Nasenausfluß vom Fahrtwind an den Nasenlöchern und auf der Oberlippe verteilen und dort antrocknen (manchmal sogar gefriertrocknen) lassen kann, so erfordert jede farbige Sekretion das Taschentuch. Muß das aus Stoff sein? Selbstverständlich! Aber was nehmen Junggesellen? Natürlich Tempo-Taschentücher – alle vier Wochen ein neues.

Wohin mit dem gebrauchten Papiertaschentuch? Den Aschenbecher belegen schon andere, archäologisch noch bedeutendere Dinge wie Kippen und die von ihnen verschmorten Kunststoffgüter, vor allem Bonbonpapier und Kaugummis. Also werden Tempos, kaum daß sie schwer genug sind, hoch in die Luft und damit dahin geworfen, wo sie hingehören: in die Natur. Vom »ganz großen Mülleimer« spricht der zynische Umweltverschmutzer, mit dem der Cabrio-Fahrer so oft und so ungerechterweise verwechselt wird. Sagen wir es hier einmal ganz klar: Wir sind gegen die Vergewaltigung der Natur! Unsere Tempos dienen vielen, vom Aussterben bedrohten Mikrobenarten als ideale Nahrung. Außerdem sind sie nur unter den Bedingungen der freien Natur zu 100 % biologisch abbaubar. Im Auto jedenfalls findet man immer nur Papiertaschentücher, die auch nach Wochen in der Ritze zwischen Sitz und Rückenlehne nur zu etwa 50% verrottet sind. »Iiiiiiee! Eklig! Das faß ich nicht an!« Ich empfehle »Lipactin« gegen Herpes.

MANDELENTZÜNDUNG

Nicht rausnehmen lassen! Die Operation wäre ein weniger ergiebiges Thema als die ständig wechselnden Theorien über die dicken Mandeln. Einen Monat lang können Sie im Gespräch die Krankheit als Weg zu deuten vorziehen und kenntnisreich den Namen Thorwald Detlevsen von der Salamimarke Retleffsen unterscheiden. Den Monat drauf diskutieren Sie, ob nicht selbst die geschwollene Mandel noch wichtige Entgiftungsfunktionen übernimmt. Stellen Sie zum Ausgang des Winters die Warnfunktion der Mandeln heraus. Und zum Schluß kommen Sie dann mit den Erzählungen von Bekannten, die auch mit mandellosem Hals ständig Halsweh haben.

ROTE AUGEN

»Ehrenwort, Mutti, ich hasche nicht mehr!« Habe aber vergessen, die Brillenränder mit Tesa-Moll zu umkleben, damit es nicht mehr zieht. Große Freude kommt auf, wenn es dem Cabrio-Fahrer gelungen ist, mit den Augen seltene Insekten oder Gesteinsproben einzufangen. Mit blinder Sicherheit bricht sich der Pflege- und Bemutterungsinstinkt jener lang angebeteten Frauen bahn, die einem sonst nie so tief in die Augen schauen würden. Vielleicht haben Sie ja Glück und werden ernstlich am oder im Auge verletzt, wenn sich die Beifahrerin Ihnen im Rahmen einer spontanen Schnell- und Notoperation der Fremdkörperentfernung verschreibt – und, später dann, Ihnen Bettruhe bei ihr.

KATASTROPHEN

Unfall

Natürlich fahren wir ohne Sicherheitsgurt! So weit kommt es noch, daß wir uns nach einem Crash den freien Flug in die Sicherheit verbieten lassen! Schließlich haben wir ganz bewußt aufs Dach verzichtet, um unser Leben in solchen Situationen zu retten! Motorradfahrer legen schließlich auch keinen Sicherheitsgurt an!

Ohnehin kann ein Cabrio viel mehr als ein normaler Wagen aushalten. Jedenfalls rollt es mit 140 auf die Schanze und fliegt dann – in Zeitlupe – über das endlos lange, riesige, unüberwindliche Hindernis, um auf der anderen Seite mit einer Staubwolke aufzukommen und weiterzufahren. Allerdings ist, außer im Film, die Frisur des Cabrio-Fahrer oft ruiniert, und die war nicht billig.

TÜV

Gegen die schlimmen Naturgewalten von Erdbeben bis Nieselregen kann man sich schützen, nicht aber gegen den TÜV, diese letzte Autorität, der man selbst als Cabrio-Fahrer noch ausgeliefert ist.

In kritischen Fällen gnadenloser Pfuschreparatur wird eine Sexbombe hinters Steuer gesetzt. Sie fährt beim TÜV vor und behauptet, den Wagen gerade gekauft zu haben. »Ich find ihn total super.« Und mit diesem Kraftstoff muß er auch betankt werden. Morgen soll's losgehen in den Urlaub. Aber nicht nach St. Tropez, denn das Urlaubsziel sollte immer in einer Entfernung gelegen sein, über die man den Wagen auch schieben könnnte – ohne natürlich Transpiration zu riskieren. Man möchte ja niemandem die schönsten Tage des Jahres versauen, selbst als TÜV-Prüfer nicht – also gut: »Plakette.«

Doch nicht immer dominieren Denkmalschutz und andere niedere Instinkte bei der offiziellen Entscheidungsfindung. Manch ein TÜV-Mann vertritt auch in der Praxis dogmatisch die Auffassung, daß nur Autos mit mehreren funktionstüchtigen Aggregaten am Straßenverkehr teilnehmen dürfen sollten. Mit einem Wort: kein TÜV! Und dann? Informieren Sie sich nun über die Stationen des typischen Amoklaufes:

1. Der Weg zum Verkäufer. Dem klärenden Wort – »Du dreckiger Schwindler! Nimm dies!« – folgt die eine oder andere erzieherische Maßnahme: Der aktuelle Privatwagen des Verkäufers wird mit Säure übergossen, angezündet und aus dem Fenster geschmissen, sein Besitzer zum Verzehr von 240 g glasfaserverstärkter Spachtelmasse angehalten, die bei doppelter Härtermenge in der Wärme des Magens zu einer besonders belastbaren Substanz aushärtet.

2. Briefbombe an die Herstellerfirma. Ausreichend frankieren und Absender nicht vergessen!

3. Dem TÜV-Prüfer wird durch einen aufgesetzten Pistolenschuß ins Gewissen geredet.

Das war's schon? Bisher nicht besonders aufregend, nicht wahr? In der Tat. Aber wer sagt denn, daß der Amok**lauf** hier schon enden muß, bevor er zur Amok**fahrt** geworden ist? Sie werden sowieso lebenslänglich kriegen, jetzt kommt es also nicht mehr darauf an – auf nichts! Nehmen Sie sich Rösner und Degowski zum Vorbild. Natürlich fallen Ihnen jetzt ein paar Namen von Personen ein, die schon längst mal... – haben Sie auch genug Munition eingesteckt? Fein.

Und so viel Wirbel nur, weil Cabrios verschleißen. Hoffen wir, daß in 15 Jahren bessere Cabrios gebaut werden – so um den Dreh rum kommen Sie wieder raus.

Polizei

Cabrio-Fahrer werden häufig von der Polizei angehalten. Nach ein paar vorgeschobenen Formalitäten fragen mit roten Ohren vor allem die im Volksmund als Kinderbullen bekannten Staatsdiener nach Herkunft und Leistungsdaten des bestaunten Mobils. Sie verabschieden sich mit der Bitte an den Cabrio-Fahrer, die Geschwindigkeit zu korrigieren. Ja, ja, ja. Immer haben sie was zu mäkeln, ganz gleich, ob wir in der Stadt nun 21 oder 87 km/h fahren.

Ernsthafte Schwierigkeiten mit der Exekutive bleiben dem Cabrio-Fahrer erspart, der mit qualmenden Reifen die Abkürzung über den Bürgersteig nimmt und dabei nicht weniger als vier Obststände pro Kilometer zerfetzt. Ordnungshüter wissen aus dem Fernsehen, daß es sich hier wahrscheinlich um den übergesetzlichen Notstand handelt, in dem sich ein Privatdetektiv, bzw. ein beurlaubter Polizist bei der Übererfüllung seiner verdammten Pflicht und Schuldigkeit befindet, und dieser Sympathieträger auf der Fahrt in den Randbereichen des Gesetzes keinesfalls aufgehalten werden darf. Stimmt! Hinter dem Steuer eines Cabrios sitzen Personen vom Zuschnitt Gensch-, Super- oder Batmans – unterwegs in Sachen Weltrettung im als Fiat-Cabrio getarnten Bat-Mobil, Gensch-Mobil[1] oder Porsche-Cabrio.

Liegenbleiben

Leider ist das Netz der Altcabriocontainer an Deutschlands Straßen noch unvollständig, ehrlich gesagt sind mir noch nicht einmal Pilotprojekte bekannt. Also tut es immer ein bißchen weh, wenn man sein Einweg-Cabrio nach Leerfahren des Tankes einfach am Straßenrand stehen läßt. Und doch muß man kein gar zu schlechtes Gewissen wegen vermeintlicher Umweltverschmutzung haben, sichert man doch Familien ihr karges Brot, deren Haushaltsvorstand sich redlich als Altcabriosammler nährt und es dabei bis zum Eigenheim bringen kann – wenn er fleißig ist. Ein bißchen Glück braucht er natürlich auch.

Und Liegenbleiben heißt immer auch: inneres Wachsen, Lernen. Cabrio-Fahrer haben die Welt gesehen, sie kennen sich aus zwischen Galapagos, Las Vegas, Olpe und dem Grödnertal. Daher sollte man ihnen zuhören, wenn sie von den vielen landschaftlich ansprechenden Seitenstreifen schwärmen, die das deutsche Autobahnnetz umfrieden. Deutschland neu entdecken! So heißt das Motto all der Cabrio-Fahrer, die in aller Ruhe und durchaus genießerisch ihre Stulle auswickeln, um mit vollen Backen dem Potpourri beschwingter Melodien aus dem Autoradio zu lauschen. Ein bißchen Geduld gehört zur gehobenen Lebensart. Irgendwann klappt's schon mit der Selbstheilung des Sammlerwagens!

Wenn die Kiste dann doch nicht anspringt: günstige Gelegenheit, sich selbst mit dem Spritvorrat vollzutanken, den man für den Notfall im Kofferraum aufbewahrt. Denn schließlich wußte man schon bei Fahrtantritt: Ein Aktionsradius über 8 km ist immer mit einem Risiko verbunden.

Zur Partnersuche bewährt sich das betrügerische Liegenbleiben. Während der kontaktreiche Cabrio-Fahrer, dessen Wagen den Geist aufgibt, Passanten und Vorbeifahrern gegenüber den Eindruck zu erwecken sucht, er parke absichtlich hier im Graben – kopfüber, denn Yoga bringt den Kreislauf in Trab –, fährt der kontaktarme Cabrio-Fahrer rechts ran und gibt mit geöff-

1 Höchstgeschwindigkeit 380 km/3 h

neter Motorhaube vor, am Ende seines kleinen Latinums angelangt zu sein. Nette Helfer und verstärkt auch -innen halten an, schauen kurz einmal in die Eingeweide, drehen persönlich den Zündschlüssel, und schon läuft das Fahrzeug wieder. Wie durch ein Wunder. Ohne Reparatur. Toll. Geschmeichelt nimmt der Retter Lob und Dankbarkeitsbezeugungen entgegen und an. Keine Einladung kann dem Geretteten nun abgeschlagen werden. Der Tisch ist schon reserviert. »Zweimal das Übliche, Jean-Jacques.« Wer wollte da noch stutzig werden?

Der Monat nach dem Kauf

Natürlich haben wir bei der Probefahrt diese Geräusche gehört. Aber warum soll man nicht auch mal der Interpretation des Verkäufers glauben? Gibt es nicht schon genug Mißtrauen in unserer Welt? Daß wir ohne Panne bis nach Hause gekommen waren, spricht doch dafür, daß wir ganz in der Nähe wohnen und obendrein der Wagen in Ordnung war, als wir ihn erworben hatten. Außerdem befindet sich unser sterbender Planet in einem Zustand, in dem er Optimisten braucht. Und Optimismus muß man trainieren.

Sicherheitshalber sollte der Monat, in dem Sie ein gebrauchtes Cabrio kaufen, immer der sein, in dem alle für Sie wichtigen Personen auf Sylt oder im Wolfgangsee herumlungern und Sie folglich nicht ständig mit der Frage nerven können, wo denn das groß angekündigte so-gut-wie-neue Cabrio bitte sehr sei. Doch wohl nicht – schon oder noch – in der Werkstatt?

Schieben Sie das Cabrio täglich in eine andere glaubwürdige Parkposition vor dem Haus. Von einem auf den anderen Tag dann: weg, futsch, nicht mehr zu sehen. Wohin ist es verschwunden? Niemand wird Ihnen verübeln, daß Sie, bei aller Hochzufriedenheit mit dem eben erst glücklich erworbenen Wagen, dieses traumhaften Kaufangebot nicht ausschlagen konnten – eine derartige Wertsteigerung hatten Sie sich erst für in acht Jahren erwartet. Der glückliche Nachbesitzer war ein auswärtiger Fachmannm, der den Wagen zu einem Sammler ins Ausland verbringen wollte. Ja, ja, da hat er noch mal Glück gehabt, stimmt. Seit zwei Jahren hatte er vergebens nach genau so einem Fahrzeug gesucht.

Zur Zeit sind in Liebhaberkreisen vier diskrete Fachunternehmen bekannt, auf deren Gelände Sie gegen eine Vergütungsleistung Benzin über Ihren Gebraucht- oder Neuwagen schütten und ihn abfackeln dürfen.

Im Monat nach dem Kauf schnellt die Bereitschaft zu Handlungen hoch, die in unserem Land mit Freiheitsstrafen nicht unter zehn Jahren geahndet werden. Sind aber die ersten 28 Tage überstanden, ohne daß der Cabrio-Käufer dem Vorbesitzer oder der Werkstatt eine Quittung in der international verständlichen Sprache der Gewalt ausgeschrieben hat, so nimmt die **Selbstmordwahrscheinlichkeit** rapide zu. Unter allen Verfahren der freiwilligen Entleibung scheidet dabei nur eines aus: absichtlicher Cabrio-Unfall mit Todesfolge – in der Werkstatt ist das Gefälle nicht groß genug.

Boxenaufenthalt – die Werkstatt

Zahlen tut weh. Aber was ist aller Geldverlust der Welt im Vergleich zu den Schmerzen, die ein sterbender Motor oder eine rostende Blechhaut erzeugen? Wenn einen dann eine kräftige Ohrfeige aus der Bewußtlosigkeit zurückholt, wie dies nach einem ersten Blick auf die Rechnung üblich ist, dann steigt man doch mit dem guten Gefühl ein, daß man sich auf den Wagen **jetzt** verlassen kann, auch wenn da dieses seltsame Ruckeln... noch immer... – also...

Eine billige und gleichzeitig gute Cabrio-Werkstatt kann jedenfalls nicht überleben. Ihr bleiben auf lange Sicht die Kunden weg, denn irgendwas muß ja faul sein an der trügerischen Funktionstüchtigkeit des eben überholten Cabrios. Der Cabrio-Fahrer beschränkt sich lieber auf einen Aktionsradius unter 15 Kilometern[2] um seine Wohnung, weil er doch weiß, daß er bisher nur unverschämtes Glück gehabt hat, – gehabt haben **kann**. Diese tiefe Lebensangst kann nur eine teure Werkstatt kurieren.

Im übrigen braucht Ihr Cabrio keine Reparatur, vor allem offiziell nicht. Deshalb befinden Sie sich nie auf der Fahrt zur oder von der Werkstatt, und schon gar nicht ohne Vermummung, selbst im Sommer nicht. Treffen Sie in der Werkstatt auf einen Bekannten, so bringen Sie Ihr Auto aus demselben Grunde hierher wie er auch: Inspektion, Tuning, Verbesserungen, elektronische Computer-Messung des Wischerwasserstandes – kurz: Fitness, keinesfalls aber Reanimation nach klinischem Tod.

2 Sie erinnern sich, daß vor der Reparatur nur 8 km erlaubt waren!?

FEINHEITEN

Welcher Wagen ist der Zweitwagen?

Besonders auf gammeligen R 4 informiert uns der Aufkleber: »Mein Zweitwagen ist ein Rolls-Royce«. Das stimmt oft, weil viele der Automobilisten, die sich neben ihrem R 4 gerade noch einen Rolls, dafür aber seit zwei Jahren keinen Urlaub mehr leisten können, den teuren Wagen weitgehend schonen wollen. Außerdem braucht der Zweitwagen mit »PS ausreichend vorhanden« fürchterlich viel Sprit.

Das Cabrio hingegen ist niemals der Zweitwagen! Es wird immer und überall eingesetzt. Ja, überall. Nur für wenige extreme Anlässe weicht der Cabrio-Fahrer auf spezialisierte Nutzfahrzeuge aus: Einkauf für die ganze Woche bei Massa oder Metro (Audi 100cc oder Sattelschlepper); Fahrt in Gebiete mit anderem Eigentumsbegriff, wie z.B. Italien (Audi 100cc); Fahrt ins Freibad (Audi 100cc oder Wohnmobil); Besuch bei Bekannten, die Angeber nicht mögen (Audi 100, cc abmontiert); Ausheben einer Baugrube (Audi 100cc oder Bagger inkl. Bodo); Geisterfahrt mit Unfall (Audi 100 oder interRent-Audi 100); Flucht nach Banküberfall (Audi 100cc oder Audi 100 älteren Baujahres, evtl. Audi Quattro).

Das richtige Einsteigen

Für den Cabrio-Fahrer gilt die kategorische Forderung nach Schonung empfindlicher Bauteile. Er turnt auf seinen Sitz, ohne die Tür zu öffnen. Erfahrungen an Stufenbarren und Pferd helfen. Keine groben Sprünge! Verzichten Sie auf geschraubten Doppelachsel, so gediegen der zweifellos aussehen mag, denn die Gefahr ist zu groß, sich am Lenkrad zu verletzen. Beim Fosbury-Flop leiert das Polster besonders schnell aus.

Kultivierte Beifahrerinnen betreten den Wagen nur, wenn ihnen die Tür von außen geöffnet wird. Öffnung von innen gilt nicht. Besonders gut frisierte Beifahrerinnen steigen nicht aus, wenn ihnen die Beifahrertür nicht von außen geöffnet und eine Hand zum Hochziehen gereicht wird. Merken Sie sich das gefälligst! Hier haben wir übrigens auch die Erkärung für die meisten der älteren Mitbürgerinnen, die mit mürrischem Gesicht tagein und -aus und obendrein nachts auf dem Beifahrersitz geparkter Cabrios sitzen, an denen teilweise weder Nummernschilder noch Räder zu entdecken sind. Daß immer mehr dieser bedauernswerten Frauen in der Schrottpresse umkommen, weist auf einen allgemeinen Verfall der Umgangsformen hin.

Woher kommt der Oben-ohne-Kalauer?

Mit »Oben-ohne« wird umschrieben, wenn sich Mitbürgerinnen jenseits der Pubertät mit unverhüllter Brust darbieten. Im Zusammenhang mit Männern verwenden wir lieber »kopflos« oder – meist noch treffender – »hirnlos«.

Verleihen

Ich bin fürs häufigere Verleihen von Cabrios: Dann weiß man wenigstens, wen die Schuld an der nächsten Reparatur trifft. In einem solchen Fall braucht man auch kein schlechtes Gewissen für die Bosheiten, den Klatsch und die Intrigen zu haben, die man hinter dem Rücken der Schuldigen schon immer über sie verbreitet und nun endlich in der Praxis bestätigt bekommt, und zwar als noch weit, weit untertrieben! Sie hätten sich wenigstens entschuldigen können, aber...

Warum Cabrios so teuer sind

Weniger ist mehr – und kostet auch mehr.

Das Wunder der Finanzierung

»Die meisten Reparaturen mach ich selbst, zudem fahre ich wenig rum. Die paar Zinsen! Später, wenn ich verkaufe, ist der Wagen ein Vielfaches wert.« Deshalb: durchhalten! Zwischenfinanzierung mit der ABC-Kundenkreditbank und einem günstigen Hausfrauenkredit – »Geld sofort – ohne Sicherheiten – bis 20.000 DM«.

Gerade bei schlechter Bankauskunft kann im Haushalt gespart werden. »Muß ich wirklich jede Woche einmal duschen? Und könnte von dem noch warmen Wasser nicht gleich eine Schale ›Minuto‹ bereitet werden? Nein, nicht Schale! ›Spüli‹ ist so teuer!« Duschwasser lieber direkt in die

»Minuto«-Verpackung schütten. Die Duschwasser-»Minuto«-Diät wird auf die Dauer etwas zu einseitig. »Wenn ich alle Kollegen bitte, die Reste des Vortages nicht im Klo runterzuspülen, sondern sie mir ins Büro mitzubringen? Und was machen sie mit ihren aufgetragenen Klamotten? Im Notfall könnte ich es in meiner Freizeit mit Betteln versuchen.«

Alle, die ihre Illusionen nicht verlieren wollen, sollten an dieser Stelle ein gut eingeschenktes Bierglas voll Batteriesäure zügig auf ex trinken. Wahrscheinlich werden sie dann nie persönlich erfahren müssen, daß sich teure Cabrios von teuren Pferden zwar nicht in der Männlichkeit unterscheiden, wohl aber hinsichtlich der Nachfrage zu Zuchtzwecken. Die geschlechtliche Vermehrung von Cabrios ist längst durch modernere Fertigungsmethoden verdrängt worden.

Mythos Wiederverkaufswert

Geschlossene Normalwagen verlieren mit der Zeit immer an Wert. Das Cabrio wird Jahr für Jahr teurer. Das wissen wir aus sicherer Quelle: direkt vom Osterhasen. Und außerdem haben wir, weiterer Tatsachenbeweis, letztes Jahr halb soviel an Reparaturen zahlen müssen wie dieses Jahr[1]. Ach ja: Und noch wertvoller wird der Gebrauchtwagen, wenn wir bei Kilometerstand 3200 den Tacho abklemmen. Nun altert der Wagen nicht mehr, und das lohnt sich trotz der vielen Bußgelder, die wir zahlen müssen, weil wir unsere Geschwindigkeit nun nur noch mit dem Gehör abschätzen können.

Das ganz, ganz große Cabrio-Lexikon

Auffahrt	=	Fahrt mit aufem Verdeck.
Lichtzeichenanlage (LZA)	=	Stereoanlage mit beleuchtetem Equalizer.
Öffnungszeiten	=	Wann das Verdeck auf ist.
Schließmuskel	=	Muskel, der beim Schließen des Verdecks besonders belastet wird.
Zufahrt	=	Fahrt mit zuem Verdeck.
Zugfahrt	=	Fahrt, bei der die Zugluft nervt.

1 Ist halb soviel soviel wie doppelt sowenig?

Intimpflege

Meister Proper macht so sauber, daß man sich drin spiegeln kann. Auch da, wo die normale Zahnbürste nicht hinkommt, soll's nicht nur sauber, sondern porentief rein sein. Was man da nimmt bei so einem wertvollen Auto? Sie baden gerade Ihre Finger drin!

Für die rituellen Waschungen gibt der Cabrio-Fahrer jede freie Minute dran. Aber weg mit den Vorurteilen: Nicht mal 80 % der Cabrio-Fans bestehen kategorisch auf Ganges- oder Weihwasser zum Waschen, nicht in jedem Falle muß es Frettchenleder zum Abledern sein, und nicht alle halten sich eigene Bienen, weil sie ihr Cabrio nach überliefertem Familienrezept einwachsen und polieren wollen.

Eines sollte jedenfalls klar sein: Intimpflege ist Vertrauenssache. Vergessen Sie Cosy-Wash, wo Ihr Originallack mit Nylonbürsten verschandelt wird. Vergessen Sie die durchschnittliche Tankstelle, wo man auch nur so tut als ob man Ihre Liebe teilte. Kaum daß Sie den Rücken kehren, ...

Theologie der Befleckung

Der **Dr. Beckmann Fleckenteufel** kommt in vielfacher Verkleidung daher. Der »Blut- und Milchteufel« setzt auch Eiter und Sperma unbarmherzig zu – wenn auch »gewebeschonend«. »Bei Flecken unbekannter Herkunft empfiehlt sich zunächst ein Versuch mit Fett- und Öl-Teufel, bei starkfarbigen Flecken auch Kuli-Teufel.« Für die unbefleckte Empfängnis empfehle ich die Verhüllung des Teufels mit Gummi. Dann gibt's noch den »Kleber- und Kaugummi-Teufel«, den »Kaffee-, Tee-, Gilb-Teufel«, den »Make-up- und Wasserfarben-Teufel«, den »Schimmel-, Stock- und Tinten-Teufel«, den »Kerzenwachs-Teufel«, den »Obst- und Rotwein-Teufel«. Gebenedeit der, der die »große GRATIS-Fleckentabelle« der Delta-Chemie noch nicht besitzt! Für Schokolade nimmt man übrigens den »Kuli-Teufel«.

Sex im Cabrio

Au ja, toll! Ausschweifungen, sexuelle Abenteuer, Leidenschaft bis zum Abwinken und wahnsinnig was unter der Haube! Es mag ja ganz schön sein, daß man viel verspricht und man sich viel verspricht davon. Doch Besorgungen auf dem Rücksitz haben auch ihre Nachteile: Nur schlecht gehen die

Flecken aus dem empfindlichen Bezug wieder heraus, und jeder kann es sehen. Na schön, sind ja eigentlich prima Trophäen. Schon. Aber: Die nächste Eroberung will auch wieder den Eindruck haben, die erste, einzigartige und letzte zu sein, die durch Körpersekrete die Polsterung versaut – also unschlagbar auch in Sachen Unzucht während der Fahrt.

Die Beifahrerin gibt sich Mühe. Der Cabrio-Fahrer bemerkt anerkennend Minirock in Konfektionsgröße 34 – 36, also vorbildlich bei jeder Figur bis weit über 52, und dann erst diese wahnsinnig hohen Schuhe. Alle Männer träumen davon, aber – »Nein, Gitte, Vorsicht!« – schon ist es passiert, sie meinte wieder wild tun zu müssen, – und wie stopfe ich nun das Loch im Verdeck, wo doch alle Pflaster der Verbandskastens längst verbraucht sind?

Paaren Sie sich nicht im Fahrzeuginneren, wenn das Verdeck geschlossen ist. Denn »Ehrlich Gitte, ist echt geil auf der warmen Motorhaube!« Aber sie ist so schamhaft und geniert sich – besonders an langen Samstagen auf dem Ikea-Parkplatz. Fragen Sie vorsichtig: »Verläßt du mich, wenn ich dir vorschlage, ausnahmsweise mal das Bett im Schlafzimmer zu benutzen?«

Ansonsten kann ich nur immer wieder empfehlen: Machen Sie mehr aus sich, einen neuen Typ vielleicht sogar – Ihr Gard-Haarstudio berät Sie gern.

Schonungsloser Einsatz

Man will sich schließlich nicht vorwerfen lassen, ein paar hundert Kilo Blech und Plastik wie einen Götzen anzubeten. Schnell hat man sich den schrägen Blick eingefangen, der eigentlich für die Verhaltensgestörten reserviert ist: »Wichser, Fetischist!« etc., das hört kein Cabrio-Fahrer gern.

Also muß immer mal wieder der Beweis angetreten werden, daß man sein Cabrio als Auto behandelt, wie man jedes andere Auto auch behandeln würde. Gnadenlos? Falsch: Der wahre Cabrio-Fahrer würde auch den geliebten Manta erst mal ein Viertelstündchen warmlaufen lassen und aus Gründen der Schonung jede Kurve im Schrittempo durchfahren.

Mit dem Parken ist das schon schwieriger. Selbstverständlich fahren Sie niemals einen Bürgersteig hoch! Nicht mal mit den weniger empfindlichen Hinterrädern! Warten Sie, bis niemand Sie beoachtet. Dann legen Sie blitzschnell die beiden als Surfbretter getarnten Rampen am Rinnstein aus und... – Andere Cabrio-Fahrer fahren frontal bis auf vier Millimeter an das Hindernis heran, heben die Vorderachse dann mit einem Spezial-Hydraulik-Wagenheber an und stoßen den Wagen sachte auf den Bürgersteig. Oder Sie parken gleich in der zweiten Reihe. Wie gewohnt.

Niemand wird bemerken, wenn Sie grundsätzlich nur auf frisch asphaltierten, neuen Straßen fahren und unter gar keinen Umständen unter Bäumen parken, schon gar nicht unter blühenden! Ich brauche wohl auch nicht zu erwähnen, daß alle Vögel ständig Durchfall haben! Im Winter kann morgens und abends der Schutz der Dunkelheit genutzt werden, um mit Ersatzreifen Spuren in den Schnee vor der Ausfahrt zu rollen.

Sobald der Erhaltungsfanatiker von der spöttelnden Menge enttarnt ist, tritt er die Flucht nach vorn an. Das sind die Typen, die man im Wald parken und mit einem Bündel Reisig auf den Lack ihres Cabrios eindreschen sieht – unter Tränen. Aber nur durch derart produzierte feine Schrammen gelingt ihnen die Resozialisierung in die Gemeinschaft der halbwegs Gesunden.

Wir alle haben die Aufkleber schon gesehen, die man an Scheiben anbringt, um den Eindruck zu erwecken, durch dieses Verbundglas sei bereits ein 7.65er Hohlmantelgeschoß gesaust. Die Glaub- und Liebenswürdigkeit dieses Abziehbildes läßt zu wünschen übrig. Also wünschen wir, und zwar uns, daß sich die Accessoire-Industrie künftig mehr Mühe gibt. Wie wär's mit einer aufklebbaren Schramme – so einer richtig mitleiderregenden?

Die ideale Cabrio-Farbe

Eigentlich muß ein Cabrio knallrot lackiert sein. Natürlich kommt auch schockrot in Frage, außerdem feuerrot. Ach ja, und das Gegenteil: feuerwehrrot.

Schwarz: Schlicht, aber besonders beim alten Mercedes oder Jaguar mit roter Lederbestuhlung ausgesprochen männlich und damit ergreifend.

Bonbonfarbe: Frauen dürfen das, ja, man erwartet es von ihnen, wenn sie sich nicht zu rot durchgerungen haben. Männer: Der lustige, spritzige Typ. Wirkt unter bestimmten Umständen liebenswert (selbst)ironisch, birgt aber die Gefahr, daß der Cabrio-Fahrer mit Glatze und eisgrauem Bart nun für zu verspielt und unerwachsen gehalten wird.

Effektfarben: Perlmutt-Lacke sind out, Chrom sieht neben einer solchen Oberfläche immer schmutzig aus. Glimmerlacke wirken totsicher peinlich, auch wenn sie noch so gekonnt aufgetragen sein mögen – Zuhältergeschmack.

Air-Brush: Schwerter, Drachen, Sonnenuntergänge; winzige Bikinis, die Brüste der Größenordnung Doppel-D halten und deren Träger sich dennoch nicht zentimetertief in die Schultern der blonden Trägerin einschneiden, die unter ihrer Wespentaille... – Kurz: So hervorragend Kennern wie Ihnen und mir derartige Motive gefallen, so wenig ist die Welt reif für die wahre Kunst, die von Können und folglich aus der Spritzpistole kommt.

Kackfarben: Das ist die Palette, die man im menschlichen Stuhl findet, wenn man sich die Mühe macht zu suchen. Ihr Spektrum hängt mit dem Abwechslungsreichtum der Kost, den verwendeten Lebensmitteln und der allgemeinen Darmgesundheit zusammen. Wer sich für einen dieser Farbtöne entscheidet, muß mit der entsprechenden Reaktion aus dem Kollegenkreis rechnen: Entzug der Fahrerlaubnis unter Aufsicht eines staatlich vereidigten Lynchjustiziars. Denn: Verschwendung, Schande, der schöne Wagen – »wenn der mir gehören würde!« Bzw., noch schlimmer für alle Beteiligten: »Wenn **Sie** mein Sohn wären...«

Metallic: Außer in grau und silber ziemlich spießig. In grau und silber immer noch ziemlich spießig.

Die Skulptur-Lösung: Wer ein schönes und teures Cabrio besitzt, will es gern noch wertvoller wirken lassen. Alles muß glatt und glänzend sein, kunsthandwerklich makellos ausgeführt – wie wär's mit Blattgold? Mich wundert, daß es manchen Cabrio-Fahrer zu wundern scheint, daß man ihn für seinen glamourösen Weihnachtsbaum verlacht. »Der hat's wohl nötig!« Natürlich, weiß ich: Sozialneid. Aber ein bißchen was ist dran.

Wenn Sie sicher sein wollen, daß Ihr schickes Cabrio jeden, aber auch absolut jeden in seinen Bann zieht, und Sie das total individuellste und allereinzigste Fahrzeug seiner Art fahren möchten (und es darf dennoch ein offener Golf sein), dann empfehle ich Ihnen siedend heiß diese Lösung: Machen Sie ihren Wagen zu einem Kunstwerk, einer hypermodernen, museumsreifen Skulptur. Wie? Ganz einfach:

Mit Abbeizer, einem sehr heißen Fön (bzw. Lötlampe) und einem Spachtel schälen Sie jeglichen Lack von Ihrem Cabrio. Vor Ihnen steht das nackte Blech. Und zwar drei Tage lang. Wenn's nicht von allein regnet, schütten Sie täglich einen Eimer Wasser über die Karosse. Den total angerosteten Wagen bearbeiten Sie im nächsten Arbeitsgang auf der gesamten Blechfläche mit einem kleinen Hammer mit rundem Kopf, bis kein Quadratzentimeter mehr ohne Beule ist. Nun mehrere dicke Schichten matten Klarlackes zur Versiegelung aufbringen. Signieren und – fertig! Toll, wie da die Sehgewohnheiten der Stauner in Frage gestellt werden!

Nummernschild-Kult

Als waschechtem Weltbürger müßte dem Cabrio-Fahrer eigentlich ein exotisches Nummernschild zustehen: Diplomatisches Corps, UNO, Gambia, DDR etc. Leider spreizen sich die deutschen Behörden gegen den an sich vorbildlichen Wunsch nach dem symbolischen Akt der Völkerverständigung und verweigern oft sogar die Ausgabe von Kennzeichen, deren Buchstaben den Initialen des Halters entsprechen oder ein so lustiges Wort wie »S – EX« ergeben, obwohl wir doch extra ins verschnarchte Stuttgart gezogen waren und für die Kennzahl »69« einen Wechselkurs von 1 : 10 angeboten hatten. »Nein, auch für 650 DM lasse ich mich nicht bestechen!« Rechenfehler machen Sie auch noch, diese uneinsichtigen Idioten auf der Zulassungsstelle des dortigen Straßenverkehrsamtes. Verdammte, hirnlose Späzlefresser!

Auch der offizielle Bittbrief in Schönschrift bringt nicht den gewünschten Erfolg. Auf dem Amt zeigt niemand Verständnis für die Begründung, man sei als Cabrio-Fahrer schließlich besonders exponiert, und es müsse daher doch auch im Interesse der Stadt (Stuttgart) liegen, daß man sie angemessen repräsentiere, auch und gerade im Ausland. Das Nummernschild »S – EX 69« erfordert eben doch Kontakte nach ganz, ganz oben. Aber Lothar Späth soll ja sehr zugänglich sein, wenn eine Tat nichts kostet und, was sie in diesem Fall zweifellos würde, eine sichere Erwähnung in allen Boulevard-Gazetten bringt. »Lieber Lothar! Ich wende mich mit einem etwas pikanten Anliegen an Sie, weil...«

Ach, wie beneiden wir die Cabrio-Fahrer in Hongkong, England oder Kalifornien, wo die besonders kurzen Nummern, die Schnapszahlen und die lustigen Wörter meistbietend versteigert werden! Uns jedoch bleibt nur der Ersatz: Von jedem Auslandsurlaub bringen wir uns zumindest das dortige Landeskennzeichen mit. Trotz unserer Weitgereistheit hat es sicher noch irgendwo hinten auf dem Wagen Platz. Das reicht nicht? Also lassen wir uns, besonders in Amerika, eines dieser höchst dekorativen Nummernschilder prägen und sind sicher, daß niemand etwas dagegen haben kann, wenn wir dies, zur Dekoration, ins vordere Autofenster stellen. Selbst das reicht nicht? Dann hoffen wir, daß niemand etwas dagegen hat, daß wir es – »California – the Sunshine State« – über unser amtlichen Kennzeichen schrauben. Ist doch mutig, oder?

GESUCHTE KENNZEICHEN! ... WENIGER GESUCHTE KENNZEICHEN!

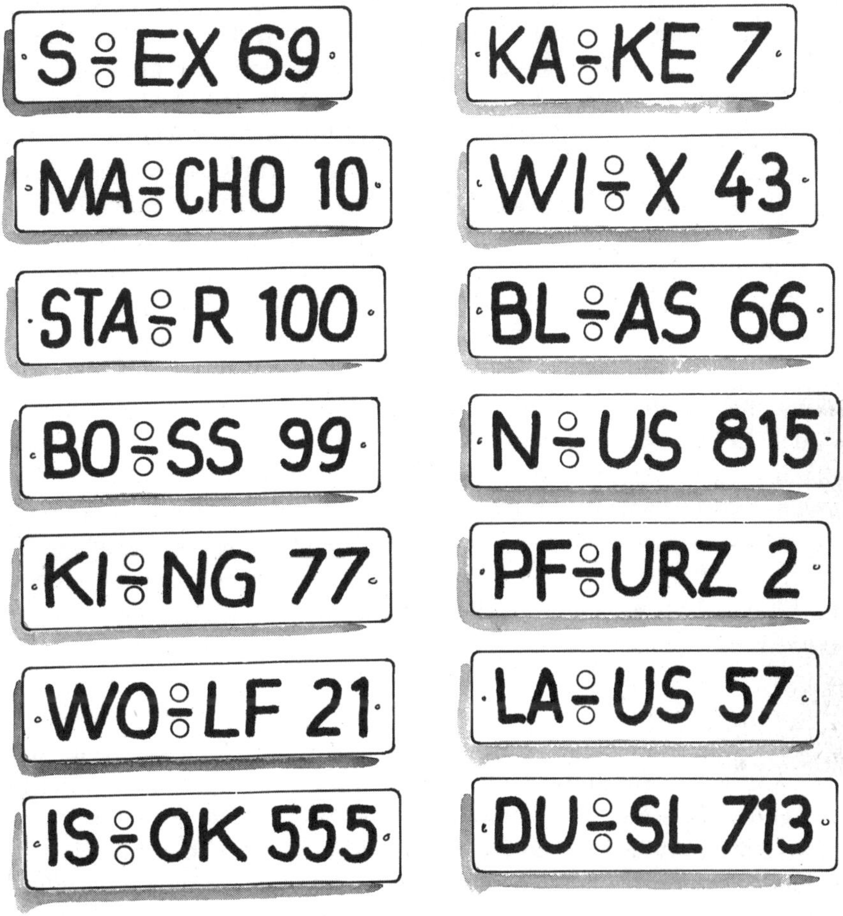

Aufkleber

Zahn: Symbolisiert die Bereitschaft zur Sanierung fremder Zähne und eigener Konten. Wirkt reich. Bitte die vergoldete Relief-Version!

Sylt: Da waren wir nicht nur schon mal, sondern da fahren wir dauernd hin, weil wir da nämlich mindestens ein Reethaus haben und Gunter Sachs sonst echt traurig wäre.

Playboy: Das Häschen stammt vom Vorbesitzer.

BOSS: Strengstens verboten! Aber gerade deswegen besonders häufig.

»Geöffnet ab 10.30 Uhr«: Der definitive Aufkleber für den Cabrio-Fahrer mit Witz.

Typenschild

Wir leben in einer sozialen Marktwirtschaft und gleichzeitig Demokratie, in der Zeit Geld ist. Wir haben also wenig Zeit für Interviews und Pressekonferenzen. Auch wenn, ja **weil** wir zu einer Elite gehören, wollen wir aber nicht abstreiten, daß das Publikum ein Recht auf lückenlose Information hat. Das Typenschild bleibt dran! Mehr noch: Wir parken mit geöffneter Motorhaube, damit sich jeder über den in diesem unseren Fahrzeug verwendeten Motor informieren kann. Wir hängen den Kaufvertrag ins Fenster und streichen den Kaufpreis gesondert mit Stabilo-Marker an.

Wer sein Typenschild abmontiert und sich dabei, wie bei der Hälfte der Mercedes- und inzwischen auch der imitationswütigen BMW-Fahrer üblich, besonders schick vorkommt, will sich doch nur aufspielen. So tun, als wäre ihm die irre Summe peinlich, die er für den Wagen verauslagt hat! Oder so tun, als hätte er eine irre Summe verauslagt, aber in Wirklichkeit ist doch der viel kleinere Motor drin – wenn überhaupt einer!

Nein, das Typenschild sind wir den Massen schuldig. Schließlich wurden von ihren Steuergeldern die Straßen bezahlt, auf denen ihnen das Fahren mit ihren langweiligen, weil geschlossenen Einheits-PKWs keinen Spaß macht, wohl aber uns Cabrio-Fahrern!

Hufeisen

Der Kühlergrill eines Cabrios sieht ohne ein Hufeisen irgendwie unvollständig aus.

Warum Cabrios so oft im Fernsehen erscheinen

Der Autor hat wirklich herumgefragt, es aber nicht herausbekommen. Wenn Sie es wissen, schreiben Sie es ihm nicht – er will es inzwischen gar nicht mehr wissen.

MATTSCHEIBE

EXTRAS

Telefon

Den ganz und gar grundsätzlichen Unterschied zwischen Normalautomobil und Cabrio unterstreicht auch das Telefon. Selbstverständlich lehnen wir das Telefon strikt ab, da es uns vom Fahrgenuß ablenken würde. Gut, in Ihrem Fall machen wir eine Ausnahme, denn Sie brauchen es schließlich dringend. Aber dann verstecken Sie es bitte und benutzen es nur in geschlossenen Garagen, nachdem Sie sich vorher überzeugt haben, daß alle möglichen Zeugen schon längst erstickt sind. Sie erkennen diesen Zustand an einer Blaufärbung eben noch rosiger Kindergesichter, am Stillstand des Herzens und der Atmung – nicht aber der Hirntätigkeit, denn deren Fehlen ist ganz normal für Leute, die sich in Ihrer Garage herumdrücken.

Tuning und Spoiler

Wozu? Damit versuchen doch die drittklassigen Normalwagenbesitzer, wenigstens einen Hauch von Klasse oder Sport auf ihre langweiligen Gurken zu kleben. Wir können uns ohnehin nicht ähnlicher werden als wir es uns sind – wenn auch gegen ein Dutzend zusätzlicher Scheinwerfer nichts einzuwenden ist, die haben ja eine Funktion.

Unter einem klug plazierten Spoiler muß die Form nicht unbedingt leiden. Und dieser Flügel hinten bringt schon erheblich mehr Sicherheit, wenn wir mal ein bißchen Gas geben und über 280 km/h fahren, weil die Straße ein Gefälle von 40 % hat und bei einem solchen Sauwetter immer so schön frei ist.

Das Ambiente

Stil! Stil! Stil! Also alles aufeinander abgestimmt und ausschließlich gehalten in den edlen Materialien Holz und Leder, am liebsten auch der Motor. Die verbreitete Fixierung auf Holz und Leder mag man einseitig finden. Und ich will gern konzedieren[1], daß auch ich das Aussterben der schönen Cabrios vermisse, die innen überall mit rosa Flokatis ausgeschlagen sind.

---

1 Für Nichtbesitzer des Dudens: »zugestehen, einräumen«

Alarmanlage

Sollte Ihr Cabrio zu gammelig zum Geklautwerden sein, so lassen Sie sich zu Weihnachten eine Zeitschaltuhr schenken, mit der Sie eine Alarmsirene (ebenfalls ein Weihnachtsgeschenk und unter dem Handelsnamen »Kojak-Sirene« im einschlägigen Spezialgeschäft erhältlich) alle zwei Stunden für vier Minuten losheulen lassen. Dann rennen Sie in geschauspielerter Panik hin und lassen sich beneiden.

Was vom Spiegel baumelt

Zwei große, mit Fell überzogene Würfel. Und natürlich Garfield – wenn die Regale des Alf-Fachhandels leergekauft waren. Es baumelt und schaukelt vom Innenspiegel herunter. In Trance ist der Cabrio-Fahrer unempfindlich gegen Schmerz, was sehr viele Vorteile bringt, wenn man im Zombie-Stil fährt.

Nippes

Die vielen kleinen Freuden des Geschlossen-Fahrers sind leider nicht niet-, nagel-, sturm- und regenfest. Also müssen Cabrio-Fahrer unter Tränen auf umhäkelte Klopapierrollen verzichten, weil man im durchfeuchteten Zustand keine Freude an ihnen hätte. Alle Besitzer eines normalen PKW können gegen die Einsamkeit Stofftiere oder aufblasbare Gummipuppen auf dem Beifahrersitz plazieren. Wir nicht. Sie würden sofort geklaut werden. Eigentlich schade.

Musik und Anlage

Niemand hat etwas dagegen, wenn die Anlage etwas teurer war als der ganze Wagen. Es kommt nur darauf an, daß das Cabrio schon teuer genug war.

Wenn wir darauf bestehen, daß man uns dieselben musikalischen Grundrechte einräumt wie den anderen PKW-Fahrern, so führt dies leicht zu hitzigen Debatten mit Passanten, gerade an der Ampel oder beim Einparken. Gern zücken die nämlich altbewährte Vorurteile und unterstellen uns nach zwei Uhr morgens, wir wollten wohl um jeden Preis randalieren und auffallen. Stimmt gar nicht! Wenn wir den Regler ein bißchen weit nach rechts gedreht haben, so doch nur, damit uns das Geräusch der ausgeschlagenen Radlager vorne nicht den Schlaf beim Fahren raubt.

Und gibt es nicht auch eine gewisse Verpflichtung all derer mit gutem Geschmack und guten Wiedergabeeinrichtungen, wichtigen Monumenten des Kulturschaffens eine breitere Öffentlichkeit zu verschaffen? Wo ständen »Milli Vanilli« heute, hätten nicht wir Cabrio-Fahrer wieder und immer wieder...?

Machen Sie die Probe aufs Exempel und legen Sie Schönbergs Zwölftonmusik, vielleicht auch mal ein paar ergreifende Passagen aus dem »Ring« oder den Spatz von Avignon auf. Sie werden es erleben: Den Massen kann man eben nichts recht machen!

Kopfhörer

Nichts verstellt der Polizei die direkte Sicht auf den illegalen Kopfhörer des Cabrio-Fahrers. Um das persönliche Verwarnungsgeldaufkommen zu senken, muß also der Kopfhörer, besonders wenn er einen auffällig reflektierenden, silbernen Bügel besitzt, harmonisch in die Frisur eingepaßt werden. Doch dieser Methode haftet der entscheidende Nachteil an, daß bei Notmanövern auch die schönste Frisur total ruiniert wird. Und nichts haßt der Cabrio-Fahrer mehr als die schlecht frisierte Leiche, die ja ohnehin nach dem Notmanöver nicht sonderlich appetitlich aussieht, wie sie da in ihrem eigenen Lebenssaft herumschwimmt. So wollen wir auf dem letzten Weg nicht aussehen!

Wir entscheiden uns daher für die kleinen Hörerchen, die man in die Ohrmuschel klemmen kann. Man achte auf die Tarnfarbe der zuführenden Kabel. Zur vorbildlichen Baßwiedergabe bestehen wir auf einem Bassbooster am Rekorder und binden uns einen zusätzlichen Tieftonlautsprecher mit harter Membranaufhängung vor den Bauch.

Notwendige Accessoires im Kampf gegen den Regen

Im Radio hören wir Regenwarnungen, durch das Autotelefon werden wir von wohlmeinenden Freunden auf Schauer hingewiesen, über CB-Funk informieren sich Cabrio-Fahrer untereinander und überaus solidarisch über Güsse aller Art.

Rad ab – neues dran?

Da durchgehende Walzen leider immer noch ausschließlich Spezialfahrzeugen des Straßenbauwesens vorbehalten sind, müssen wir uns einstweilen mit Weißwandreifen, Speichenfelgen oder durchgestylten Lösungen aus massivem Alu bescheiden.

Verbesserungsvorschläge

Nach spätestens 49 Kilometern fällt auch dem Neuling auf: Eigentlich schade, daß die Scheinwerfer nur nach vorn auf die langweilige Topographie der Straße leuchten! Dabei würde es doch wunderbar dramatisch wirken, wenn auch der Fahrer beleuchtet wäre, und zwar von innen und indirekt, also unaufdringlich. Der Motorhaube pflanzen wir die 8mm-Videokamera auf, gleich neben dem Stander mit dem Deutschlandwimpel, damit wir nachträglich kontrollieren können, ob wir unsere Geschicke auch überzeugend genug gelenkt haben. Hauptsache, Sie verkratzen bei der Montage nicht die mit Tropenholz furnierte Karosserie!

MODISCHE ACCESSOIRES

Vermummungsverbot

Verfassungsklage läuft.

Sonnenbrillen

Sie schützt gegen die blendende Sonne. Sie tötet vorwitzige Insekten ohne Ansehen von Art, Rasse, Größe, Farbe, Alter und Geschlecht – also demokratisch. Sie verschönt das Gesicht. Sie bietet psychologische Sicherheit gegen die zudringlichen Blicke der Neugierigen, Gaffer und Neider, die besonders nachts ihre Blicke nicht von dem durch die Sonnenbrille dekorierten Gesicht wenden können.

Außerdem ist man auf langweiligen Fahrten immer beschäftigt. Man kann die Position der Brille korrigieren, die auf der Nase herunterrutscht – es sei

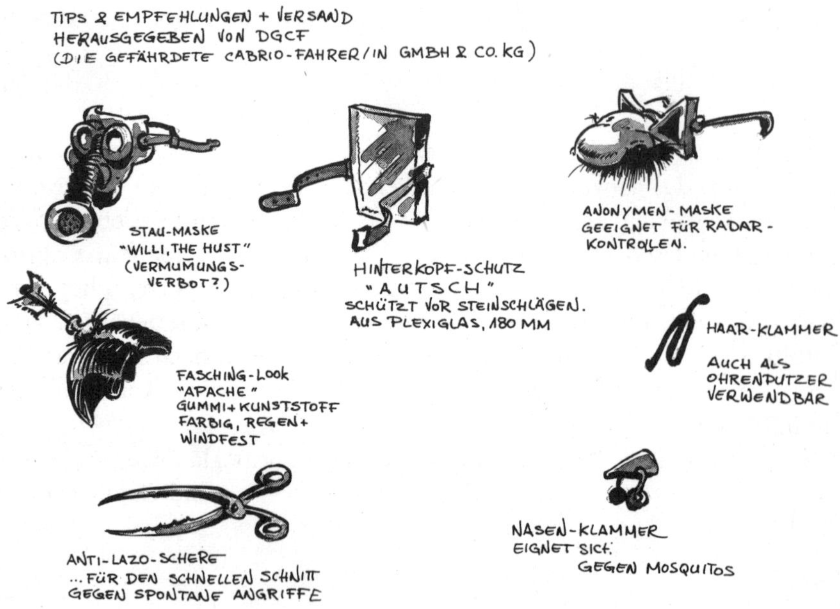

denn, man liebe den Effekt, verschmitzt über die Brillenränder des heutigen Abends hinauszuschauen, weil keine Teller griffbereit waren.

Rasch wird die Brille zum Körperteil, und bis auf wenige Ausnahmen, die meist Geld damit verdienen, nimmt ja auch niemand seinen Arm, sein Raucherbein oder seinen Kopf ab, wenn's nicht unbedingt sein muß. Also: Schlafen oder Duschen ohne Sonnenbrille, darüber kann am Runden Tisch verhandelt werden. Ansonsten aber führt der Wunsch zu unbesonnenbrillter Sicht zum Hochklappen der Ray-Ban auf die Stirn oder gar ins Haar – aber dabei nicht die Frisur versauen!

Nun kommen wir zur ganz großen Gretchenfrage: Welche Marke soll es sein, und für welchen Bautyp der anbietenden Firma legen wir wenigstens 220 Mark an?

Man kann nicht viel falsch machen mit einer **Ray Ban**, nur echt mit der klitzekleinen »B & L«-Ätzung[1] oben an jedem Glas. Die einfache und vergleichsweise billige »Wayfarer« paßt besonders zu Hawaiihemd und Dreitagebart. Sie verbessert zudem enorm die Chancen, als Azubi für den Mittleren Dienst bei Miami Vice angenommen zu werden. Die tropfenförmigen »Aviator Glasses« (vulgo: »Pilotenbrille«) gelten seit Jahren als Muß für den männlich ledernen Raser. Ray Ban »Wings«, die mit dem Glas übers gesamte Gesicht, wird von allen bevorzugt, die in der Öffentlichkeit lieber nicht erkannt werden wollen. Verstehen Sie jetzt, warum Sie Ihren Lieblingszuhälter und Richard v. Weizsäcker noch nie in ihrem Cabrio haben herumrasen sehen?

Nein, wir wollen **Porsche** keinesfalls vergessen, eine Brillenfirma, die sich schon mehrfach mit der Herstellung von Kraftfahrzeugen beschäftigt hat. Den Entwicklern dieses schicken Augenschutzes ist es erst vor zwei Monaten gelungen, eine das ganze Gesicht abdeckende Brille zu gestalten, die über 28 Knickgelenke so klein zusammengefaltet werden kann, daß sie problemlos in einer Streichholzschachtel Platz findet. Außerdem hört man in Cabrio-Fahrer-Kreisen Gerüchte, daß man den Schriftzug der prestigereichen Herstellerfirma auch auf 100 Meter Entfernung lesen kann, selbst bei Nebel. Und das Tollste ist: Ihr Benutzer kann trotz allem von innen nach außen durchschauen! Solche Spitzenleistung deutscher Ingenieurskunst kann, ja darf nicht billig sein...

Die Frau kauft bei **Paloma Picasso**. Der Fortschrittsgläubige, wie er vor allem in Werbeagenturen anzutreffen ist, bereichert sich und **Gaultier** durch

---

1 Für den Hersteller Bausch & Lomb.

eine Gaultier-Brille. Jedenfalls bis er eine solche Brille zum ersten Mal verliert, verlegt, bzw., weil Cabrio-Fahrer natürlich niemals schuld sind, geklaut bekommt. Beim nächsten Mal sind wir schon viel schlauer. Das Original liegt im Safe, im unbarmherzigen Straßeneinsatz wird die Imitation aus Taiwan abgenutzt, weil die besser ist als die aus Hongkong oder Korea.

Wirkliche Kenner legen **Fliegerbrillen** an, die nicht nur wunderbar exotisch aussehen, sondern obendrein auch das Auge optimal vor Zugluft und lästiger Verwirbelung unerwünschter Teilchen vom Staubkorn bis zum Neutrino schützen. Mir persönlich gefallen vor allem zwei nicht nur beim Cabrio-Fahren nützliche **Spezialbrillen**: die Taucherbrille für die Sommerfahrten des Allergikers und die Nato-ABC-Atemschutzmaske in der leichten Ausführung, weil Übung den Meister macht – auch für den Ernstfall.

Ein letzter Tip für Freunde der Nummer Sicher: Führen Sie eine Zweitbrille mit sich, für den Fall, daß der Beifahrer eine braucht, die Erstbrille verlorengeht oder bei 240 km/h und weggeklappter Frontscheibe der ausgestorben geglaubte Maikäfer doch eine größere Durchschlagskraft entwickelt als erwartet.

Hut oder Kappe

Schiebermütze: Frech, sportlich und auf eine besonders konventionelle Weise unkonventionell. Stark durch Verlust gefährdet. Unvermeidlich für den Oldie-Fahrer um die 45 – jedenfalls sieht er so aus, trotz Baujahr... – na ja, mit der richtigen Pflegeserie von Davidoff kann man so einiges machen.

Baskenmütze: Seit 01.01.1990 sind Gauloise-Zigaretten verboten. Die ETA ist unbeliebt. Alle Französischlehrer tragen sie. Kurz: Hände weg.

Baseball-Cap: So zeigt man seine Sympathie und Dankbarkeit für die Befreier- und Siegermacht und ihren Way of Life. Gern mit Schirm aus farbigem Plastik, grundsätzlich nie ohne Firmenaufdruck und immer passend zu College- oder Bomber-Jackett. Niemand verlangt von Ihnen, die Regeln des Baseballspiels auch nur im Ansatz zu begreifen, bzw. zu wissen, etwa wo im Diercke-Schulatlas sich die Heimatstadt der »Seattle Dodgers« versteckt hat. »Also Moment: Dodge City, also das ist ungefähr irgendwo in Texas...« Schirm ist grundsätzlich seitlich oder nach hinten zu tragen.

Manfred-Krug-Hut: Nur wirklich reiche und wirklich bedeutende Menschen können es sich erlauben, sich mit einer derartigen Tracht zu entstellen.

Lotsenmütze: Ausschließlich für unterkühlte Nordlichter aus dem Helmut-Schmidt-Fanclub.

Kapitänsmütze: Schwul spätestens dann, wenn sie in Leder gearbeitet und mit einer kleinen Kette vorn verziert ist.

Schlesiermütze: Macht nachdenklich. Kann man schöner zeigen, daß die deutsche Nation unteilbar ist?

Russenmütze: Die Ohrlappen sollten grundsätzlich im Winkel von 90° von der Mütze abstehen.

Fliegerhaube: Leder, von innen mit Fell gefüttert. Höröffnungen für die Ohren, Gesichtsöffnung für das Gesicht. Der Rote Baron ignoriert die entgeisterten Blicke der anderen Verkehrsteilnehmer, denn er weiß, daß er sich jedenfalls keine der üblichen Erkältungen einfängt. Kurzhaarfrisur empfehlenswert, nur sie wird nicht ruiniert.

Ski-Maske: Kann man überzeugender Werbung fahren gegen Iso-Folter und für die sofortige Zusammenlegung aller politischen Gefangenen? Ich meine nein.

Alberne Masken: Aus dem Scherzartikelfachhandel, der Karnevalsausrüstungsboutique oder der Afrika-Abteilung des örtlichen Museums. Meist nur auffällig, aber weiter nicht nützlich. Da fällt es schwer, eine Entschuldigung zu entwickeln. Andererseits: nie wieder Angst vor den Schnappschüssen an der Blitzerampel, wenn man die Helmut-Kohl- oder Maggie-Thatcher-Maske trägt. Ersatzweise können Sie auch die Nylonstrümpfe über den Kopf ziehen, die Ihre Bekannte immer in Ihrem Wagen »vergißt«, um ihr Revier ohne die Verwendung von Urin zu markieren.

Ernste Masken: Informieren Sie sich unverbindlich über das breite Angebot an durch und durch ernsten Masken, wie Sie es gegen einen Scheck von nur DM 20 zugesandt bekommen, wenn Sie die kleinen, aber um so einschlägigeren Anzeigen in Quick, Bunte, HörZu etc. beantworten, die bizarre Gummi- und Lederwäsche für den erotischen Genießer feilbieten.

Sturzhelm: Gern wird diese Kopfbedeckung unterschätzt. Aber nicht nur schützt sie gegen Unfälle mit Kopfbeteiligung. Sie verleiht jeder Fahrt, auch der im Schneckentempo, eine gewisse Qualität von »auf Leben und Tod« und stellt sicher, daß man sich als Fahrer nie mit lästigen Leuten wird herumschlagen müssen, die unbedingt mitfahren wollen.

Kinnriemen: Jede Kopfbedeckung gewinnt durch einen schmissigen Kinnriemen – so z.B. auch die Bärenfellmütze der Wachen vor dem Tower in London, der Federschmuck nordamerikanischer Indianerhäuptlinge oder die Kochmütze von Paul Bocuse, der seinen Riemen ständig verbummelt. Der Riemen sollte möglichst tief einschneiden, dann wird man häufiger drauf angesprochen.

Halstuch, Kopftuch, Schal

Der Herr trägt statt Kravatte oder Fliege ein seidenes Tuch um den Hals und wirkt nun besonders leger. Zur Sicherung weiblicher Frisuren wird das prächtige Kunstwerk in ein auffälliges Kopftuch eingewickelt. Der Schal ist überlang, gern von einer weiblichen Bezugsperson in Handarbeit hergestellt und immer in den Farben des Vereins gehalten. Im Winde flatternde, meterlange Schalenden sehen dekorativ aus, führen aber täglich zu Strangulationsunfällen.

Handschuhe

Die Schwielenbildung kann durch die Verwendung angemessener Handschuhe beträchtlich gemindert werden. Vor allem am Holzlenkrad beugt der Handschuh Problemen mit Splittern vor. Aber bitte nehmen Sie Abstand von fingerlosen Handschuhen! Die wirken einfach albern.

Fußschuhe

Beim Bedienen der verschiedenen Pedale wird unser wertvolles Schuhwerk immer wieder verkratzt. Wir verwenden daher entweder Gamaschen oder wenigstens ein Paar spezielle Fahrschuhe, gern auch orthopädisch (Bleifuß).

Oberbekleidung

Die Oberbekleidung des Cabrio-Fahrers wird von einem Aufdruck geziert, damit die anderen Verkehrsteilnehmer an der Ampel was zu lesen haben, wenn man ihnen schon nicht den Gefallen des Nasebohrens tut – oder doch wenigstens die Schürfergebnisse selber verzehrt statt brüderlich zu teilen.

GEPÄCK

Trophäen

Je nach Temperament und Heimatregion kann ein engagierter Kavalier der Straße in seinem kurzen Cabrio-Fahrer-Leben eine schöne Trophäensammlung aufbauen. Besonders gern erlegen wir die folgenden Lebewesen: Rehe, Kaninchen, Delphine, Kinder, Giraffen – kurz: Was einem so vor den Kühler kommt. Und jedesmal neu stellt sich die Frage: Lohnt das Ausstopfen? Sicher, nur wenige Fachbetriebe sind imstande, aus einem ganz und gar plattgewalzten Säuger annähernd die Originalgestalt zu rekonstruieren. Aber die Mühe lohnt sich doch immer, wenn einen nach erfolgreichen Verhandlungen mit den Eltern glückliche Kinderaugen anleuchten, geschickt von innen illuminiert, und die Sammlung ausgestopfter Raritäten im Herrenzimmer effektvoll abrunden.

Selbst wenn Sie keinen Jagdinstinkt besitzen, kann es nichts schaden, wenn sie immer verschieden große Spachtel, ein paar Müllsäcke, blut- und wasserdichte Plastikwannen sowie diverse sonstige Verpackungsmaterialien mit im Cabrio führen. Man weiß nie, was einem noch im Laufe des Tages unter die Räder kommt! Und eng verwandt mit dem Jäger war schon immer der Sammler.

Als weniger ergiebig erweisen sich übrigens die Versuche, die Tiere zu identifiz- und konservieren, die uns im eigenen Saft von der Windschutzscheibe anlächeln.

Dachgepäck

Um den Eindruck von bügelloser Freiheit nicht zu verschandeln, verzichten wir Cabrio-Fahrer weitgehend auf die Anbringung von Dachgepäck, mit welchem sich geschlossene Autos profilieren und verzieren müssen. Dabei könnten gerade wir diese Dachsärge hervorragend gebrauchen, in denen man alles unmögliche verstauen kann.

Kofferraum

Dieser konventionelle Hohlraum hat für Cabrio-Fahrer eine besondere Bedeutung, da er trotz seines irreführenden Namens selbstverständlich nicht mit Koffern vollgestopft wird. Erstens nämlich ist er viel zu klein für irgendwelche Koffer. Wir bringen unsere Klamotten in Tüten und Säcken unter, die die Form des Kofferraumes optimal ausnutzen, weil sie sich ihr anpassen. Wenn wir überhaupt Gepäck brauchen! Denn unsereiner kauft in Hotelboutiquen das nötigste zum Anziehen, bzw. unterhält monströse Kleiderschränke in jedem seiner vier Penthouses – oder leiht sich Kleidung bei seiner Gastgeberin, um dann nicht selten bei Seidenem mit Spitzenbesatz und hohen Schuhen zu bleiben.

Für längere Fahrten stellen wir eine Garderobe aus wenigen hundert Teilen zusammen, die wir mitsamt anderen wichtigen Ersatzteilen, der Reparaturanleitung und Werkzeug sowie unserer Notration für zwei Wochen in einem kleinen Anhänger unterbringen. Das Springpferd allerdings muß zu Hause bleiben, zwei Reitpferde müssen diesmal reichen.

Nun werden manche sagen: So ein Anhänger hinterm Cabrio sieht doch unmöglich aus! Nicht ganz falsch. Natürlich zeugt es von einem besonders verfeinerten Geschmack, wenn Sie für die Versorgungsaufgaben ein eigenes Begleitfahrzeug hinter sich her fahren lassen, gern auch einen Krankenwagen mit Video und Bar, in dem sich drei kompetente und daher blonde Krankenschwestern für die üblichen Pflegeaufgaben bereithalten. Das hat den Vorteil, daß Sie sich am Zielort nicht wie ein Passant unter vielen durch die Menge schieben müssen, sondern gleich mit der Bahre getragen werden – muß ja niemand wissen, daß Ihnen gar nichts fehlt, jedenfalls körperlich.

Rückbank

Mit dem Gepäck auf der Rückbank sendet der Cabrio-Fahrer verschlüsselte Signale an seine Umwelt. Was das wohl ist, fragen sich neugierige Passanten, werden sich die Antwort aber wohl ewig schuldig bleiben. Denn seine Dekorationsstücke kauft der Cabrio-Fahrer in einem Spezialladen für Angeberbedarf und geheimnisvolle Objekte, deren Gestalt keine Rückschlüsse auf ihre Funktion oder Bedeutung in der Welt zulassen und in keinem Quiz mit Harald Lippert vorkamen.

Neben Kontoauszügen, Geldbündeln oder anderer anspruchsvoller Literatur beeindruckt immer wieder das in aufwendiges Glanzpapier eingeschlagene und mit einer großen Schleife kunstvoll zugebundene Präsent. Muß ja niemand wissen, daß wir fünf mit alten Zeitungen gefüllte Schuhkartons in verschiedener Geschenkverpackung besitzen, die wir abwechselnd auf der Rückbank bei uns führen, um großzügig und liebenswert zu wirken.

Diebstahlsicherung

Man muß Dieben ihr Handwerk ja nicht noch erleichtern! Ihr Cabrio kann nicht mehr so leicht geklaut werden, wenn Sie es nicht nur abschließen, sondern es zusätzlich mit einer gehärteten Stahlkette an einem Baum, der Straßenlaterne oder einem anderen parkenden Auto festschließen.

TRÄUME

Wovon träumt der Cabrio-Fahrer? Fangen wir mit dem Alptraum an: Da sieht er sich hinter dem Steuer seines geliebten Cabrios direkt auf die Alpen zu fahren. Er schaut in die Brieftasche und stellt fest, daß er kein Geld dabei hat. Weil er die Autobahngebühren also nicht bezahlen kann, muß er die klassischen Paßstrecken fahren. Er schaut in den Rückspiegel: Doch, das hochschwangere Nilpferd randaliert noch immer im Anhänger. Dieser Traum kommt in einer Variation für den Freund der Hochkultur vor: Er ist auf dem Weg zu Bienale. In seinem Anhänger befindet sich ein Plastik von Richard Serra. Die aber wenigstens nicht randaliert.

Angenehme bis süße Träume

Umzug nach Kalifornien: Perestroika in Beverly Hills. Man darf auch an roten Ampeln rechts abbiegen, wohl weil die Überfälle an roten Ampeln so zugenommen hatten.

Treibhauseffekt: Man hat ja nichts gegen Waldgebiete, in denen es vor giftigen Schlangen, Gelbfieber, Malaria, Blutegeln, Rucksackreisenden und Piranhas nur so wimmelt. Aber vermissen würde man sie auch nicht, zumal ja die Welttemperatur endlich ein bißchen anstiege nach dem Weggang der ungemütlichen Regenwälder und man nun endlich das ganze Jahr über auch in unseren Breiten Cabrio fahren könnte.

Parkpodest: Es fehlen schon lange bewachte und erhöhte Sonderparkplätze für Cabrios an besonders gut einsehbaren Stellen. Cabrio-Fahrer könnten mithelfen, unsere trostlosen Innenstädte zu verschönern, wenn man ihnen nur die Möglichkeit ließe, ihre Fahrzeuge effektvoll auszustellen. Anderen Behinderten stehen schließlich auch besonders ausgewiesene Parkmöglichkeiten zu.

Auch die Cabrio-Hersteller sind gefordert: Wo bleiben die offenen Wagen mit der eingebauten Hydraulik, die das geparkte Fahrzeug 50 cm hochhebt, um es z.B. vor einer unvorhergesehenen Springflut zu schützen?

Sonnenstudio mit Rundkurs: Im Winter und bei Schlechtwetter hätten wir die Möglichkeit zum Cabrio-Fahren unter natürlichen Bedingungen und würden dabei ganz nebenher auch noch braun. Abgasabsaugung am Rande des Rundkurses. Pro Woche an drei Tagen FKK-Betrieb.

Überdachung: Die Überdachung Deutschlands nach dem Vorbild des Münchner Olypiastadions würde Arbeitsplätze schaffen, den Wärmeverlust mindern, die Natur gegen den Sauren Regen schützen und nicht zuletzt ansprechend aussehen.

Oldie-Fund in der Heide: Träumer durchstreifen die Welt auf der Suche nach verwunschenen Cabrios, wie man sie in Scheunen oder Chile findet. Unterm Gerümpel steht der Traumwagen! 800 DM auf den Tisch, der dumme Bauer freut sich wie ein Schneekönig. Ein Leben lang könnte man diese Geschichte allen, aber auch allen erzählen und im Mittelpunkt stehen. Nun kann die Restauration beginnen. Zwei Monate später sieht der Wagen weniger romantisch weil halbfertig aus, und man ist pleite.

Einmal im Cabrio um die Welt: Nichts ist zu vergleichen mit der intensiven Selbsterfahrung, die man als Alleinsegler im offenen Schwimmauto in der unendlichen Weite der Ozeane macht.